반도체설계 산업기사 필기대비
이론 및 문제

반도체 공학·전자회로·논리회로

한국전자기술교육진흥협회

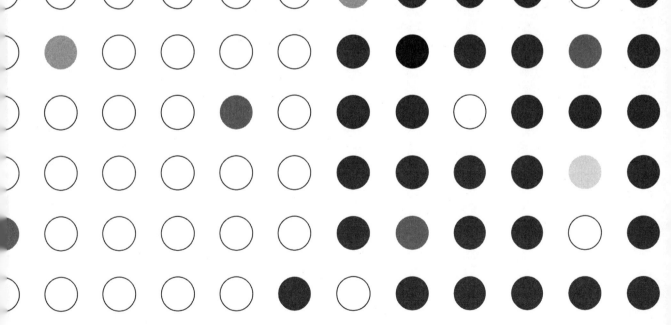

내하출판사
www.naeha.co.kr

[반도체 설계 산업기사]

1. 자격시험 개요

● 제정 이유

반도체 Back-end 설계인력 양성의 기틀을 마련하고, 산업체는 검증된 인력을 확보할 뿐만 아니라 재투자의 비용을 절감하는 전문인력의 양성이 필요하여 자격제도를 제정

● 제정 시기

2006년 신설

● 수행 직무

회로설계 기술, 회로설계 소프트웨어 활용, 반도체제조를 위한 데이터 생성 등 반도체설계 업무에 대한 기초지식과 숙련기능을 바탕으로 디지털 및 아날로그 회로를 반도체 집적회로로 제작하기 전까지의 과정에 해당되는 전반부 및 후반부 설계업무와 이와 관련된 제반 소프트웨어를 활용할 수 있는 직무 수행

● 응시자격

① 전문대 졸업자, 전문대 2학년 재학 중 인자 또는 1학년 수료 후 중퇴자
② 4년제 대학을 1/2이상 수료한 자
③ 응시종목 동일분야 2년 이상 실무종사자 또는 기능사자격 취득 후 1년 이상 실무종사자

④ 추가 응시조건은 산업인력공단 홈페이지(www.hrdkorea.or.kr)에서 확인
   바람

● **취득시험**

① 시행기관 : 한국산업인력공단

② 관련학과 : 반도체 레이아웃 설계학과

③ 시험과목

   - 필기 : 1. 반도체공학 2. 전자회로 3. 논리회로 4. 집적회로 설계이론

   - 실기 : 반도체설계 실무(직접회로 레이아웃 설계 및 검증)

④ 검정방법

   - 필기 : 객관식 4지 택일형, 과목당 20문항(과목당 30분)

   - 실기 : 작업형(4시간 정도)

⑤ 합격기준

   - 필기 : 100점을 만점으로 하여 과목당 40점 이상, 전과목 평균 60점 이상

   - 실기 : 100점을 만점으로 하여 60점 이상

● **실기고사**

레이아웃 설계의 회로도면 연결, 도면편집기 사용법, 레이아웃 도면 작성, 계
층구조 작성을 하여 레이아웃 검증에서 설계규칙 검증, Extraction 수행,
LVS 수행, 결과 report 해석, 오류 수정 등에 대한 검증

● **진로 및 취업분야**

종합 반도체 회사, 반도체설계 전문회사, 파운드리 중심회사 및 반도체장비
회사 등 다양함

2. 필기고사 출제기준

○ 직무분야 : 전자	○ 자격종목 : 반도체설계 산업기사	○ 적용기간 : 2006. 9. 1 ~ 2009. 8. 31

○ 직무내용 : 회로설계기술, 회로설계용 소프트웨어 활용, 반도체제조를 위한 데이터 생성 등 반도체 설계 업무에 대한 기술기초지식과 숙련기능을 바탕으로 디지털 및 아날로그 회로를 반도체 집적회로로 제작하기 전까지의 단계에 해당되는 전반부(Front-End) 및 후반부(Back-End) 설계 업무와 이와 관련된 제반 소프트웨어에 활용할 수 있는 직무 수행

○ 필기검정방법 : 객관식				○ 시험시간 : 2시간

필기과목명	출제 문제수	주요항목	세부항목	세세항목
반도체 공학	20	1. 반도체 기초이론	1. 반도체의 기초적인 성질	1. 결정 구조 2. 에너지 밴드 3. 페르미 준위와 상태 밀도 4. 이동도와 전도도 5. 확산
		2. PN접합	2. 반도체 재료	1. 반도체 재료의 정제 2. 반도체 제조법
		3. 반도체소자	1. 반도체내의 전자와 정공	1. 순수반도체 2. 불순물반도체
			2. PN 접합의 특성	1. 평형상태에서의 PN 접합 2. 역방향 바이어스 상태의 PN 접합 3. 순방향 바이어스 상태의 PN 접합 4. PN 접합의 스위칭 특성
			1. PN 접합 다이오드	1. 다이오드의 특성 2. 제너 다이오드 3. 터널 다이오드
			2. 접합 트랜지스터	1. NPN 및 PNP 트랜지스터의 구조 2. 트랜지스터의 특성
			3. FET	1. JFET의 구조 및 특성 2. MOSFET의 구조 및 특성

필기 과목명	출제 문제수	주요항목	세부항목	세세항목
전자회로	20	1. 전원회로	1. 전원회로	1. 반파, 전파 및 배전압 정류회로의 기본 구성 및 특징 2. 평활회로
		2. 증폭회로	1. 증폭회로의 기초	1. 반도체의 구조 및 특성 2. TR회로의 구성과 특징 3. h 정수모델 4. 소신호 증폭 및 안정도 5. FET의 소신호 등가회로 6. FET의 회로
			2. 궤환증폭회로	1. 부궤환의 장·단점 2. 증폭기의 분류, 입·출력 임피던스 및 이 득특성
			3. 연산증폭회로	1. 직류증폭회로의 Level shift 및 drift 방지법 2. 연산증폭기의 개념과 특징 3. 부호변환기, 상수기, 미분연산기, 적분 연산기 및 가산기의 응용
			4. 전력증폭회로	1. Single 증폭회로의 동작점, 부하선, 효 율 및 출력계산 2. Push-pull 증폭회로의 특징, 종류 및 출력계산
			1. 발진회로	1. 발진조건과 주파수 안정 2. 각종 발진회로와 특성
		3. 발진 및 변조회로	2. 변조 및 복조회로	1. 변조회로 2. 복조회로
			3. 펄스회로	1. 각종 펄스회로

필기 과목명	출제 문제수	주요항목	세부항목	세 세 항 목
논리회로	20	1. 수의 진법과 코드변환	1. 수의 체계	1. 진법 2. 2진 연산
			2. 수의 코드화	1. 수치 코드 2. 오류 교정 부호
		2. 불 대수와 기본 게이트	1. 불 대수	1. 불 대수 정리 2. 드모르강의 정리 3. 불 대수를 이용한 논리식 간략화 4. 카르노 도표에 의한 논리식 간략화
			2. 기본 게이트	1. 기본 논리 게이트 2. 반도체 논리회로 3. MSI 소자를 이용한 설계이론
		3. 조합논리회로	1. 기본 연산 논리 회로	1. 가산기와 감산기 2. 연산 응용회로
			2. 코드변환 논리 회로	1. 코드변환 논리회로
			3. 각종 조합 논리 회로	1. 디코더와 인코더, 멀티플렉서와 디멀티플렉서 2. 기타 조합논리회로
		4. 플립플롭회로	1. 플립플롭의 종류와 동작	1. 펄스 발생 회로 2. 플립플롭의 종류와 동작
		5. 순서논리회로	1. 각종 계수기 회로의 기초	1. 비동기식 계수기 2. 동기식 계수기
			2. 순서 논리회로의 설계 기초	1. 순서논리회로의 설계기초 2. 디지털 계수 응용 회로
			3. 레지스터	1. 시프트레지스터 2. 기억장치

필기과목명	출제 문제수	주요항목	세부항목	세세항목
집적회로설계 이론	20	1. 집적회로의 개요 및 공정	1. 집적회로의 개요	1. 집적회로 기술 및 종류 2. 집적회로의 설계 과정 3. 집적회로 제작 과정
			2. 집적회로 공정과 레 이아웃	1. 실리콘 웨이퍼 제조 2. 단위공정 3. CMOS 공정 순서 4. 레이아웃 설계 규칙
		2. MOS 회로의 동작 및 특성	1. MOS 회로 동작 및 특성	1. MOS의 구조 및 동작 특성 2. MOS 인버터의 DC 특성 3. MOS 인버터의 스위칭 특성 4. MOS 스위칭 소자
		3. MOS 논리회로의 설계	1. MOS 정적 논리회로	1 .nMOS 논리회로 2. CMOS 논리회로 3. Pseudo-nMOS 논리회로 4. 전달 게이트 논리회로
			2. MOS 동적 논리회로	1. 동적 CMOS 논리회로 2. Clocked CMOS 논리회로 3. 클럭의 종류 및 특성
		4. VLSI 칩 설계	1. VLSI 설계방법	1. Full Custom 설계 2. 게이트 어레이, 표준 셀, FPGA 3. 하드웨어 기술언어

3. 실기고사 출제기준

○ 직무분야 : 전자	○ 자격종목 : 반도체설계 산업기사	○ 적용기간 : 2006. 9. 1 ～ 2009. 8. 31

○ 직무내용 : 회로설계기술, 회로설계용 소프트웨어 활용, 반도체제조를 위한 데이터 생성 등 반도체 설계 업무에 대한 기술기초지식과 숙련기능을 바탕으로 디지털 및 아날로그 회로를 반도체 집적회로로 제작하기 전까지의 단계에 해당되는 전반부(Front-End) 및 후반부(Back-End) 설계 업무와 이와 관련된 제반 소프트웨어에 활용할 수 있는 직무 수행

○ 실기검정방법 : 작업형		○ 시험시간 : 4시간 정도	

실기과목명	출제 문항수	주요항목	세부항목	세세항목
반도체설계 실무 (집적회로 레이아웃 설계 및 검증)		1. 레이아웃 설계	1. 회로도면 연결 상태 이해	1. 부품배치방법 2. Euler 경로 작성방법
			2. 도면편집기 사용법	1. 레이아웃용 툴의 환경설정방법 2. 완성된 데이터 추출방법
			3. 레이아웃 도면 작성	1. 배치와 배선하기 2. 계층구조 작성하기
		2. 레이아웃 검증	1. 설계 규칙 검증	1. DRC 실행하기 2. 에러수정하기
			2. Extraction 수행	1. ERC 실행하기 2. 에러수정하기
			3. LVS 수행	1. LVS 실행하기 2. 에러도면수정하기 3. 결과파일 해석방법

semiconductor
semiconductor
semiconductor
semiconductor
semiconductor

[CONTENTS]

1. 기초 개념

semiconductor

semiconductor
semiconductor
semiconductor
semiconductor

1. 기초 개념

1.1 직류회로

가. 전기의 본질

(1) 물질의 구조

모든 물질은 매우 작은 원자의 결합으로 구성되어 있으며, 아래 그림과 같이 원자는 양전하를 가진 원자핵과 그 주위를 돌며 음전하를 가진 전자로 구성된다. 여기서 원자핵은 양전하를 가진 양성자와 전기적으로 중성인 중성자로 이루어져 있다.

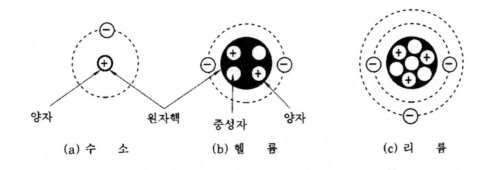

(a) 수 소   (b) 헬 륨   (c) 리 튬

그림 1.1 원자의 구조

(2) 전자와 양성자의 성질

양성자는 양(+) 전하, 전자는 음(−) 전하를 가지며, 같은 종류의 전하는 서로 반발하고 다른 종류의 전하는 서로 잡아당긴다.

(3) 전자의 전하량과 질량

① 전자의 전하량 : $e = -1.602 \times 10^{-19}[C]$

② 전자의 질량 : $m = 9.109 \times 10^{-31}[kg]$

③ 양성자와 중성자의 질량은 대략 같고, 전자 질량의 약 1,840배 정도이다.

(4) 전류의 발생

원자의 구조에서 어떤 원인에 의하여 전자가 궤도를 벗어나 움직이면 전류가 발생했다고 말한다. 이때의 전자를 자유전자(음전하)라 하며 전자를 잃은 원자는 양전하를 띤다.

나. 전류

전자의 흐름 상태를 말하며, 양(+) 전하의 이동 방향을 전류의 방향으로 정한다.

$$전류 : I = \frac{Q}{t} \ [A] \qquad Q = I \cdot t \ [C] \qquad (1.1)$$

$$(Q: 전하량, \ t: 시간(sec))$$

① 직류(DC: Direct Current)

시간이 지남에 따라 전류의 크기와 방향이 일정한 전류

② 교류(AC: Alternating Current)

시간이 지남에 따라 전류의 크기와 방향이 변화하는 전류

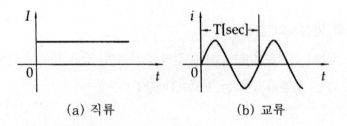

(a) 직류   (b) 교류

그림 1.2 직류와 교류

다. 전압

전기회로에 전기적인 압력을 가하면 전류가 흐르는 것을 볼 수 있는데 이 전기적인 압력을 전압이라 하며, 이때 연속적으로 전류를 흘려줄 수 있는 전압의 힘을 기전력(electromotive force; emf)이라 한다.

$$\text{전압} : \quad V = \frac{W}{Q} \, [V] \qquad W = V \cdot Q \, [J] \tag{1.2}$$

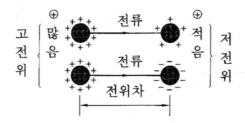

그림 1.3 전압

① 전류는 양극에서 음극으로 흐른다.
② 전압이란 Q[C]의 전하량을 이동하여 W[Joule]의 일을 한 것을 말한다.

라. 옴(ohm)의 법칙

(1) 저항

모든 물질은 전류가 흐를 때 전류의 흐름을 방해하는 작용을 하는데, 이 작용을 전기적 저항이라 한다. 단위는 옴(ohm, 기호 Ω)을 사용한다.

(2) 옴의 법칙

도체에 흐르는 전류는 도체에 가한 전압에 비례하고 도체의 저항에 반비례한다. 즉, 전류의 크기를 I[A], 전압을 V[V], 전기저항을 R[Ω]이라 하면 다음과 같다.

$$I = \frac{V}{R} \ [A] \tag{1.3}$$

(3) 전압강하

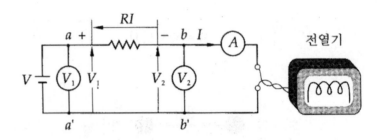

그림 1.4 저항에 의한 전압강하

회로에서 $V_2 = V_1 - RI$ [V], 즉 V_2는 V_1 보다 RI[V] 만큼 전압이 낮다. 이것은 저항의 양끝 a, b 사이에 RI [V]의 전위차가 생기기 때문이다. 저항에 전류가 흐를 때 저항에 나타나는 전위차를 전압강하(voltage drop)라 한다.

마. 저항의 접속법

(1) 직렬 접속

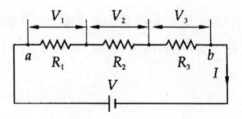

그림 1.5 직렬회로

위 그림에서 각 저항에 걸리는 전압강하는 각각 $R_1I[V]$, $R_2I[V]$, $R_3I[V]$이다.
따라서 다음 식이 성립한다.

$$R_1I + R_2I + R_3I \;=\; (R_1 + R_2 + R_3)I \;=\; V_1 + V_2 + V_3 \;=\; V \; [V] \qquad (1.4)$$

위 식에서 전류는 다음과 같다.

$$I \;=\; \frac{V}{R_1 + R_2 + R_3}[A] \qquad\qquad (1.5)$$

또 이 직렬저항의 합성저항을 $R[\Omega]$이라 하면

$$I \;=\; \frac{V}{R}[A] \qquad\qquad (1.6)$$

따라서 합성저항 $R = R_1 + R_2 + R_3$ 이다.
일반적으로 n개의 직렬저항에 대한 합성저항 R은 다음과 같다.

$$R \;=\; R_1 + R_2 + R_3 + \; \ldots \; + R_n \;=\; R_i \; [\Omega] \qquad (1.7)$$

(2) 병렬 접속

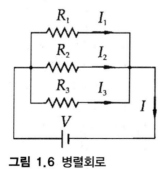

그림 1.6 병렬회로

위의 그림에서 각 회로에 흐르는 전류 I_1, I_2, $I_3[A]$라 하면 다음 식이 성립한다.

$$I_1 = \frac{V}{R_1}, \; I_2 = \frac{V}{R_2}, \; I_3 = \frac{V}{R_3} \tag{1.8}$$

또 합성전류는 $\;I = I_1 + I_2 + I_3 = \dfrac{V}{R_1} + \dfrac{V}{R_2} + \dfrac{V}{R_3} \;[A] \tag{1.9}$

그리고 이 병렬회로의 합성저항을 $R[\Omega]$이라 하면

$$I = \frac{V}{R} \tag{1.10}$$

따라서 $\;\dfrac{1}{R} = \dfrac{1}{R_1} + \dfrac{1}{R_2} + \dfrac{1}{R_3} \tag{1.11}$

결과적으로 $\;R = \dfrac{R_1 R_2 R_3}{R_1 R_2 + R_2 R_3 + R_3 R_1} \tag{1.12}$

일반적으로 n개의 병렬 접속의 합성저항 R은

$$\frac{1}{R} = \frac{1}{R_1} + \frac{1}{R_2} + \frac{1}{R_3} + \cdots + \frac{1}{R_n} = \sum_{i=1}^{n} \frac{1}{R_i} \tag{1.13}$$

이상의 식에서 합성저항 R을 구하기 위해서 각 저항 값의 역수에 대한 합을 구하고 그 역수를 취하면 된다.

바. 휘스톤 브리지(Wheatstone bridge) 회로

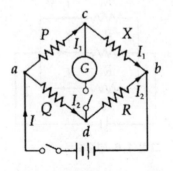

그림 1.7 휘스톤 브리지 회로

앞의 그림에서와 같이 저항 P, Q, R, X의 평형으로 인하여 검류계 G에 전류가 흐르지 않을 때 이 회로를 휘스톤 브리지회로가 평형을 이루었다고 하며, 미지의 저항 측정에 응용될 수 있다. 이 경우를 설명하면 다음과 같다. 평형됐을 때는 $v_{ac} = v_{ad}$ 이다. 그래서 옴의 법칙으로부터 $I_1 P = I_2 Q$와 $I_1 X = I_2 R$ 이 성립되며, 이들 식으로부터 PR=QX가 된다.

따라서 미지의 저항은 $X = \dfrac{P}{Q} R$에 의하여 구할 수 있다.

사. 키르히호프의 법칙

(1) 제1법칙(전류법칙)

회로망의 임의의 접속점에서 유입되는 전류와 유출되는 전류의 대수적인 합은 0이다.

즉 $I_1 + I_2 + I_3 + \ldots + I_n = \sum_{i=1}^{n} I_i = 0$ （1.14）

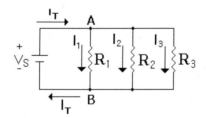

그림 1.8 전류법칙

임의의 절점 A나 B에서 들어오는 전류의 합과 나가는 전류의 합은 같다.

$$I_1 + I_2 + I_3 - I_T = 0$$

$$I_1 + I_2 + I_3 = I_T \qquad (1.15)$$

(2) 제2법칙(전압법칙)

임의의 폐회로에서 한 바퀴 일주하면서 각 소자에 걸린 전압의 합을 구하면 0이다.

즉 $V_1 + V_2 + V_3 + \ldots + V_n = R_1I_1 + R_2I_2 + R_3I_3 + \ldots + R_nI_n$ (1.16)

또는 $\displaystyle\sum_{i=1}^{n} V_i = \sum_{i=1}^{n} I_iR_i$ (1.17)

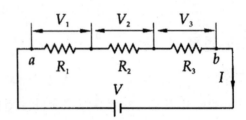

그림 1.9 전압법칙

폐회로에서 전압의 합은 0이 된다.

$$V_S - V_1 - V_2 - V_3 = 0$$
$$V_S = V_1 + V_2 + V_3 \qquad (1.18)$$

〈 키르히호프의 법칙을 이용하여 방정식을 세우는 방법 〉

① 회로의 접속점에서 전류를 문자로 나타내고 방향을 가정한다.

② 키르히호프의 제1법칙을 적용한다.

③ 이 때 유입하는 전류는(+), 유출하는 전류는(−)라 한다.

④ 각 폐회로에 키르히호프의 제2법칙을 적용한다.

⑤ 제1법칙과 제2법칙을 적용하여 미지수와 같은 수의 방정식을 세우고 이 연립방정식을 푼다.

⑥ 계산 결과, 전류가 (−)로 표시된 것은 처음에 정한 방향과 반대 방향임을
나타낸다.

아. 전력과 열량

(1) 전력량

저항 R[Ω]에 흐르는 전류 I[A]가 t[sec]동안 흐를 때 $H = I^2Rt$ [J]의 열량이
발생하며 이때 전기 에너지는

$$W = Pt = I^2Rt = VIt \ [J] \quad [J] = [W \cdot s] \tag{1.19}$$

(2) 전력

$$p = \frac{W}{t} = VI = I^2R = \frac{V^2}{R} \ [W] \tag{1.20}$$

즉, 단위시간 동안의 전기가 한 일의 양을 전력이라 한다. 다시 말하면 1초
동안에 1[J]의 비율로 일하는 속도[J/sec]를 1[W]라 한다.

자. 전기저항

(1) 고유저항

도체의 전기저항은 그 재료의 종류, 길이, 단면적 등에 의해 결정된다. 같은
온도의 조건일 때 임의의 도체의 저항 R[Ω]은 다음 식과 같다.

$$R = \rho \frac{l}{A} \tag{1.21}$$

여기서 ρ는 임의의 도체 고유저항 또는 저항률, A는 도체의 단면적, l 은 도

체의 길이다.

(2) 전도율

전도율은 고유저항의 역수로서 전기가 통하기 쉬운 정도를 나타낸다.

$$\sigma = ne\mu = \frac{1}{\rho} \tag{1.22}$$

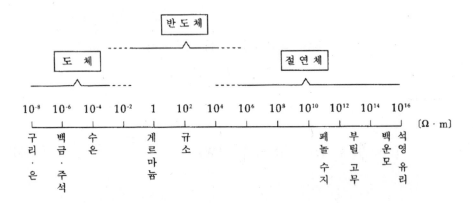

그림 1.10 여러 물질의 고유저항

1.2 교류회로

가. 교류의 기초

[1] 사인파의 교류(sinusoidal wave AC)

시간과 더불어 크기와 방향이 주기적으로 변화하는 전류, 전압을 교류 전류, 교류전압이라 한다. 이때 파형이 사인 파형으로 변할 때 사인파 교류라 한다.

(1) 사인파 교류의 발생

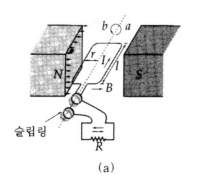
(a)

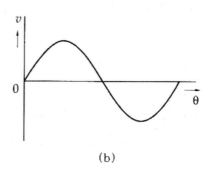
(b)

그림 1.11 코일에 발생하는 전압

위의 그림과 같이 자장 중에 코일을 놓고 회전시키면 이 코일의 R에는 (b)와 같은 사인파 전압이 발생한다.

$$v = Blu\sin\theta = V_m\sin\theta \qquad (1.23)$$

여기서 B는 자속 밀도[Wb/m^2], l 은 코일의 세로 길이[m], u는 도체의 회전 속도[m/sec], θ 는 코일의 회전각이다.

(2) 각도(호도법)

원의 반경 r과 같은 길이에 해당되는 원둘레에 대한 각을 1[radian]이라 한다.

$$360^0 : 2\pi r = x : r \qquad (1.24)$$

따라서 $x = \dfrac{360^0 \cdot r}{2\pi r} = \dfrac{360^0}{2\pi} \fallingdotseq 57^0 17' = 1[rad]$ $\qquad (1.25)$

(3) 회전수와 각속도

1초 동안에 회전한 각도를 그 물체의 각속도 w[rad/sec]라 한다. 1초 동안 물체가 n회전하면

$$w = 2\pi n [\text{rad/sec}] \tag{1.26}$$

(4) 사인파 교류의 각주파수

① 1초 동안에 이루어진 각의 변화율을 각주파수라 한다.

$$w = 2\pi f = \frac{2\pi}{T} [\text{rad/sec}] \tag{1.27}$$

② 1초 동안에 반복되는 회전수를 주파수 f라 하며, 헤르쯔[Hz] 단위를 쓴다. 1초 동안에 n회전하면

$$f = n = \frac{1}{T} [\text{Hz}] \tag{1.28}$$

나. 교류의 표시

(1) 순시값과 최대값

① 순시값 : 교류는 지속적으로 변하며 임의의 순간의 크기 v를 순시값이라 한다.

$$v = V_m \sin wt [\text{V}] \tag{1.29}$$

② 최대값 : 교류의 순시값 중에서 가장 큰 값을 최대값 V_m이라 한다.

③ 실효값 : 직류와 동일한 일을 하는 교류 신호의 크기를 교류의 실효값이라 한다.

$$V = \frac{V_m}{\sqrt{2}} = 0.707\,V_m \tag{1.30}$$

④ **평균값** : 교류의 순시값 1 주기 동안의 평균을 취하여 교류의 크기로 나타
내는데 이 값을 말한다.

$$V_a = \frac{2}{\pi}\,V_m = 0.637\,V_m \tag{1.31}$$

⑤ **피크-피크 값** : 파형의 양의 최대값과 음의 최대값 사이의 값을 피크-피크
값이라 하며, Vp-p로 표시한다.

(2) 주파수·주기

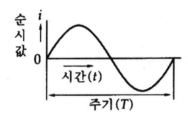

그림 1.12 사인파

주기 : 1 사이클의 변화에 요하는 시간을 주기라 한다.
주파수 : 1초 동안에 반복되는 사이클의 수를 나타낸다.

$$f = \frac{1}{T} = \frac{w}{2\pi} \tag{1.32}$$

(3) 위상과 위상차

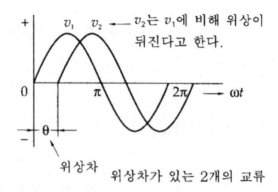

그림 1.13 교류의 위상과 위상차

① 위상 : 교류 파형의 시간적 위치를 나타낸다.

② 위상차 : 주파수가 동일한 2개 이상의 교류 사이의 시간적 차이를 나타낸다.

$$v_2 = Vm_2 \sin(wt - \theta) \tag{1.33}$$

다. 사인파 교류의 페이저 표시

① 사인파 교류의 요소

$$i = I_m \sin(wt + \theta) = \sqrt{2} I \sin(2\pi ft + \theta) \tag{1.34}$$

② 페이저(Phasor) 표시

사인파의 순시값을 크기와 위상을 갖는 페이저로 나타낼 수 있다.

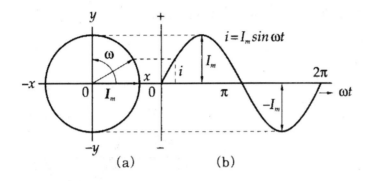

그림 1.14 페이저와 사인파 교류

③ 페이저도에 의한 합의 계산

$$i_1 = \sqrt{2}\,I_1 \sin wt, \qquad i_2 = \sqrt{2}\,I_2 \sin(wt + \theta_2) \tag{1.35}$$

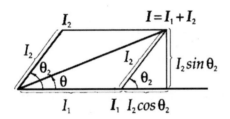

그림 1.15 페이저도에 의한 합의 계산

피타고라스의 정리에 의해

$$I = \sqrt{(I_1 + I_2 \cos\theta_2)^2 + (I_2 \sin\theta_2)^2}\ [\text{A}] \tag{1.36}$$

$$\theta = \tan^{-1}\frac{I_2 \sin\theta_2}{I_1 + I_2 \cos\theta_2}\ [\text{rad}] \tag{1.37}$$

라. 교류 전류에 대한 저항 R의 작용

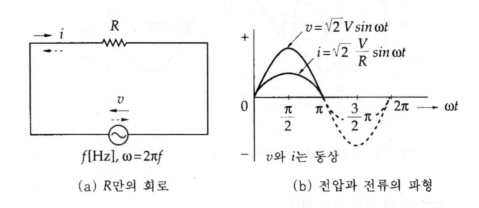

(a) R만의 회로 (b) 전압과 전류의 파형

그림 1.16 저항 R만의 회로와 파형

$$v = \sqrt{2}\,V\sin wt\ [V] \tag{1.38}$$

$$i = \frac{v}{R} = \sqrt{2}\cdot\frac{V}{R}\sin wt\,[A] \tag{1.39}$$

즉, 저항 R에서 전류 i와 전압 v는 동일한 위상이다. 이것을 페이저도로 나타 내면 다음과 같다.

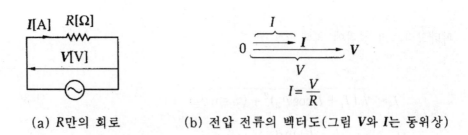

(a) R만의 회로   (b) 전압 전류의 벡터도(그림 **V**와 **I**는 동위상)

그림 1.17 저항 R만의 회로와 페이저도

마. 교류 전류에 대한 인덕턴스 L의 작용

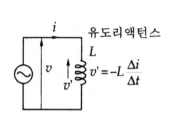

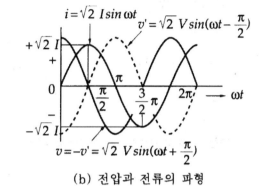

(a) L만의 회로　　　　　　(b) 전압과 전류의 파형

그림 1.18 인덕터 L만의 회로와 파형

사인파 전류 $i = \sqrt{2} I \sin wt \, [A]$ 가 코일에 흐를 때 코일에는 유도 기전력 $v' \, [V]$ 가 발생하며, 위 그림에서와 같이 v' 의 위상은 i보다 $\pi/2 \, [rad]$ 만큼 뒤진다.

$$v' = -L\frac{\Delta i}{\Delta t} = -L\frac{\Delta \sqrt{2} I \sin wt}{\Delta t} = -\sqrt{2} wLI \cos wt = -\sqrt{2} V \sin(wt + \frac{\pi}{2}) \, [V]$$

$$(1.40)$$

이 회로에 계속 전류를 흘러주기 위해서는 $v = -v'$ 가 되어야 하므로

$$v = \sqrt{2} wLI \sin(wt + \frac{\pi}{2}) \, [V] \qquad\qquad (1.41)$$

이것을 페이저도로 나타내면 다음과 같다.

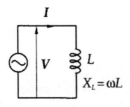

(a) L만의 회로

(b) 전압과 전류의 벡터그림

(I는 V보다 $\dfrac{\pi}{2}$ 뒤진다.)

그림 1.19 인덕턴스 L만의 회로와 페이저도

$$V = wLI = X_L I \qquad\qquad (1.42)$$

위상을 갖는 저항값 X_L을 유도 리액턴스라 한다.

바. 교류 전류에 대한 정전용량 C의 작용

캐패시터 C에 교류전압이 인가되었을 때 나타나는 전류·전압 파형은 다음 그림과 같다.

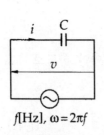

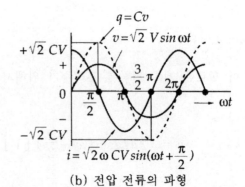

(a) C만의 회로

(b) 전압 전류의 파형

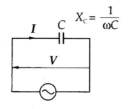

(c) 벡터에 의한 C만의 회로그림　　　(d) 전압 전류의 벡터그림

그림 1.20 정전용량 C만의 회로와 파형 및 페이저도

교류전압　v를 콘덴서에 가할 때 축적되는 전하　q [C]는

$q = Cv = \sqrt{2}\,CV\sin wt[\,C\,]$이므로 충·방전 전류는

$$i = \frac{\Delta q}{\Delta t} = \frac{\Delta(\sqrt{2}\,CV\sin wt)}{\Delta t} = \sqrt{2}\,wCV\cos wt = \sqrt{2}\,I\sin\left(wt + \frac{\pi}{2}\right)[\,A\,]$$
$$(1.43)$$

여기서,　$V = \dfrac{I}{wC} = X_C I$ 이므로 X_C를 용량 리액턴스라 한다.

사. RLC의 직·병렬회로

[1] RL 직렬회로

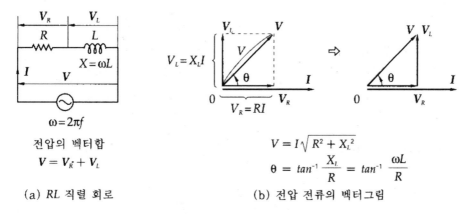

(a) RL 직렬 회로　　　　　　(b) 전압 전류의 벡터그림

그림 1.21 RL 직렬회로

$$V = V_R + V_L = IR + jIwL = I(R + jwL) \qquad (1.44)$$

이 전압의 크기는

$$V = I\sqrt{R^2 + (wL)^2} = I\sqrt{R^2 + X_L^2} = IZ_L \qquad (1.45)$$

위상차 θ는 페이저도로부터

$$\tan\theta = \frac{V_L}{V_R} = \frac{X_L I}{RI} = \frac{wL}{R}$$

$$\therefore\ \theta = \tan^{-1}\frac{wL}{R}\ [rad] \qquad (1.46)$$

[2] RC 직렬회로

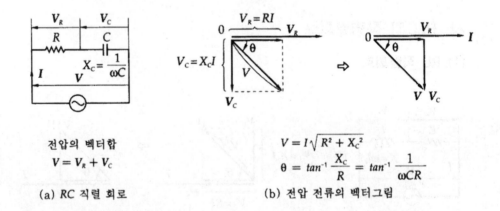

전압의 벡터합
$V = V_R + V_C$

$V = I\sqrt{R^2 + X_C{}^2}$
$\theta = tan^{-1}\dfrac{X_C}{R} = tan^{-1}\dfrac{1}{\omega CR}$

(a) RC 직렬 회로   (b) 전압 전류의 벡터그림

그림 1.22 RC 직렬회로

$$V = V_R + V_C = IR + \frac{I}{jwC} = I\left(R - j\frac{1}{wC}\right) \qquad (1.47)$$

이 전압의 크기는

$$V = I\sqrt{R^2 + \left(\frac{1}{wC}\right)^2} = I\sqrt{R^2 + X_C^2} = IZ_C \qquad (1.48)$$

위상차 θ는 페이저도로부터

$$\tan\theta = \frac{V_C}{V_R} = \frac{X_C I}{RI} = \frac{1}{wCR} \qquad (1.49)$$

[3] LC 직렬회로

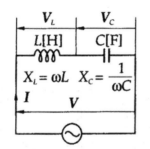

그림 1.23 LC 직렬회로

이 회로에서 V_L과 V_C의 방향은 반대이므로 이들을 합성한 전체 전압은

$$V = V_L + V_C = wL \cdot I - \frac{1}{wC} \cdot I = \left(wL - \frac{I}{wC}\right)I = ZI \qquad (1.50)$$

위 식으로부터

$$wL \,\rangle\, \frac{1}{wC} \;\; : \text{V는 I에 비해 } \frac{\pi}{2}[\text{rad}] \text{ 앞선 위상 (유도성 회로)}$$

$$wL \langle \frac{1}{wC} \quad : \text{V는 I에 비해 } \frac{\pi}{2}[\text{rad}] \text{ 뒤진 위상 (용량성 회로)}$$

이 회로에서 $wL = \dfrac{1}{wC}$ 일 때 Z 값이 최소가 되며, 이러한 상태를 공진이라 하고 그 조건은

$$2\pi f L = \frac{1}{2\pi f C} \tag{1.51}$$

따라서 공진주파수 $f_0 = \dfrac{1}{2\pi\sqrt{LC}}$ \hfill (1.52)

[4] RLC 병렬회로

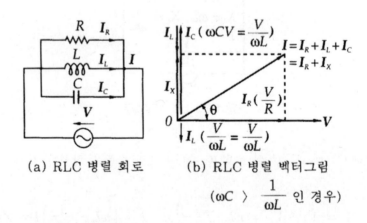

(a) RLC 병렬 회로　　(b) RLC 병렬 벡터그림

$$(\omega C \ \rangle \ \frac{1}{\omega L} \text{ 인 경우})$$

그림 1.24 RLC 병렬회로

RLC 병렬회로의 전압-전류의 관계, 임피던스, 위상각은 다음과 같이 구해진다.

$$I = \sqrt{I_R^2 + (I_C - I_L)^2} = \sqrt{\left(\frac{V}{R}\right)^2 + \left(wCV - \frac{V}{wL}\right)^2} = V\sqrt{\left(\frac{1}{R}\right)^2 + \left(wC - \frac{1}{wL}\right)^2}$$

$$= \frac{V}{\sqrt{\left(\frac{1}{R}\right)^2 + \left(wC - \frac{1}{wL}\right)^2}} = \frac{V}{Z}\,[A]$$

$$\tan\theta = \frac{I_X}{I_R} = \frac{wCV - \dfrac{V}{wL}}{\dfrac{V}{R}} = \left(wC - \frac{1}{wL}\right)R$$

$$\therefore\ \theta = \tan^{-1}\left(wC - \frac{1}{wL}\right)R \tag{1.53}$$

아. 교류 전력

전압, 전류를 각각 $v = V_m \sin wt\,[V]$, $i = I_m \sin(wt - \theta)\,[A]$로 표시할 때

(1) 순시전력

$$p = v \cdot i = \sqrt{2}\,V\sin wt \cdot \sqrt{2}\,I\sin(wt - \theta)$$
$$= 2VI(\sin wt \cdot \sin(wt - \theta)) = VI\cos\theta - VI\cos(2wt - \theta)\,[V \cdot A]$$

$$\tag{1.54}$$

(2) 평균전력(유효전력, effective power)

순시전력을 1주기 동안 평균하면 평균전력 $P = VI\cos\theta\,[W]$로 표시된다.

(3) 무효전력(reactive power)

전류와 전압의 위상차가 예각을 이룰 때 전류와 전압에 대한 직각 성분은 부하에서 전력으로 이용될 수 없으므로 이것을 무효전력이라 한다.

(4) 피상전력(apparent power)

가해진 전압과 유입된 전류의 곱을 말한다.

$$P_a = VI = \sqrt{P^2 + P_r^2} \tag{1.55}$$

(5) 역률

$$역률 = \frac{유효전력(P)}{피상전력(P_a)} = \frac{VI\cos\theta}{VI} = \cos\theta \tag{1.56}$$

자. 교류회로의 계산

[1] 교류회로의 기호법 표시

허수 : $j = \sqrt{-1}$

복소수 : 실수와 허수로 구성된 벡터량, 즉 복소수 = (실수부) + j (허수부)

$$A = a + jb$$

① 직각좌표 형식 : $A = a + jb$ $\tag{1.57}$

$$크기 \quad A = \sqrt{a+b}, \quad 편각 \quad \theta = \tan^{-1}\frac{b}{a}$$

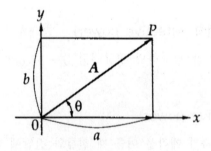

그림 1.25 복소수 벡터

② 극좌표 형식 : $A = A\angle\theta = \sqrt{a^2+b^2} \angle \tan^{-1}\frac{b}{a}$ $\tag{1.58}$

③ 삼각함수 형식 : $A = A\cos\theta + jA\sin\theta = a + jb$ $\tag{1.59}$

[2] 복소수의 가감승제 연산

① 복소수의 합

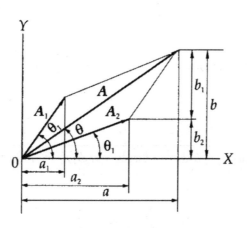

그림 1.26 A_1와 A_2의 합

$$A = A_1 + A_2 = (a_1 + jb_1) + (a_2 + jb_2) = (a_1 + a_2) + j(b_1 + b_2) \quad (1.60)$$

크기 $A = \sqrt{(a_1 + a_2)^2 + (b_1 + b_2)^2}$

편각 $\theta = \tan^{-1} \dfrac{b_1 + b_2}{a_1 + a_2}$

② 복소수의 차

$$A = A_1 - A_2 = (a_1 + jb_1) - (a_2 + jb_2) = (a_1 - a_2) + j(b_1 - b_2) \quad (1.61)$$

크기 $A = \sqrt{(a_1 - a_2)^2 + (b_1 - b_2)^2}$

편각 $\theta = \tan^{-1}\dfrac{b_1 - b_2}{a_1 - a_2}$

③ 복소수의 곱셈

$$A = A_1 \times A_2 = (a_1 + jb_1) \times (a_2 + jb_2) = (a_1 a_2 - b_1 b_2) + j(a_1 b_2 + a_2 b_1)$$

$$\text{(1.62)}$$

크기 $A = \sqrt{(a_1 a_2 - b_1 b_2)^2 + (a_1 b_2 + a_2 b_1)^2} = \sqrt{(a_1^2 + b_1^2)(a_2^2 + b_2^2)}$

편각 $\theta = \theta_1 + \theta_2 = \tan^{-1}\dfrac{b_1}{a_1} + \tan^{-1}\dfrac{b_2}{a_2}$

④ 복소수의 나눗셈

$$A = \frac{A_1}{A_2} = \frac{a_1 + jb_1}{a_2 + jb_2} = \frac{(a_1 + jb_1)(a_2 - jb_2)}{(a_2 + jb_2)(a_2 - jb_2)} = \frac{a_1 a_2 + b_1 b_2}{a_2^2 + b_2^2} + j\frac{a_2 b_1 - a_1 b_2}{a_2^2 + b_2^2}$$

$$\text{(1.63)}$$

크기 $A = \sqrt{\dfrac{a_1^2 + b_1^2}{a_2^2 + b_2^2}}$

편각 $\theta = \theta_1 - \theta_2 = \tan^{-1}\dfrac{b_1}{a_1} - \tan^{-1}\dfrac{b_2}{a_2}$

차. Y-△ 회로의 변환

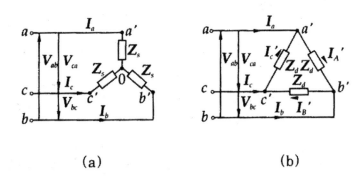

(a)   (b)

그림 1.27 Y 회로와 △ 회로의 변환

Y-△ 회로에서

$$Z_s = \frac{Z_d}{3}[\Omega] \text{ 또는 } Z_d = 3Z_s[\Omega]$$ (1.64)

카. 4단자망

4개의 단자를 가지는 회로망을 4단자 회로망이라 한다.

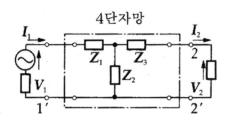

그림 1.28 4단자망의 전압 및 전류

4단자 회로망의 입출력 관계식은

$$V_1 = AV_2 + BI_2$$

$$I_1 = CV_2 + DI_2 \qquad\qquad (1.65)$$

① 출력단자 $2-2'$를 개방한 상태, 즉 $I_2 = 0$ 이므로

$$A = \left.\frac{V_1}{V_2}\right|I_2 = 0 \qquad : \text{출력단자 개방시 입력전압과 출력전압의 비}$$

$$C = \left.\frac{I_1}{V_2}\right|I_2 = 0 \qquad : \text{출력단자 개방시 입력전류와 출력전압의 비}$$

② 출력단자 $2-2'$를 단락한 상태, 즉 $V_2 = 0$ 이므로

$$B = \left.\frac{V_1}{I_2}\right|V_2 = 0 \qquad : \text{출력단자 단락시 입력전압과 출력전류의 비}$$

$$D = \left.\frac{I_1}{I_2}\right|V_2 = 0 \qquad : \text{출력단자 단락시 입력전류와 출력전류의 비}$$

파. 과도현상

정상상태의 전기 회로에서 회로를 개폐하였을 경우 개폐 후의 일정한 상태로
되기까지의 시간을 과도시간이라 하며, 이 시간에 나타나는 여러 가지 현상을
과도현상이라 한다.

(1) RC 직렬회로의 과도현상

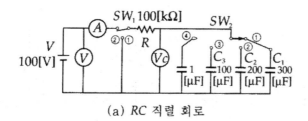

(a) RC 직렬 회로

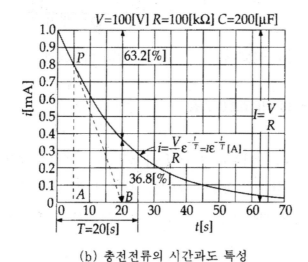

(b) 충전전류의 시간과도 특성

그림 1.29 RC 직렬회로의 충전 전류

위의 그림 (a)에서 SW_2로 콘덴서를 선택하고 SW_1으로 회로 연결하면 이때
충전전류의 특성은 그림 (b)와 같이 지수함수 곡선으로 나타난다.

$$I = \frac{V}{R} e^{-\frac{t}{RC}} \quad [A] \tag{1.66}$$

시정수 $\tau = RC$는 과도현상에 대한 변화 속도를 나타내는 척도이다.

(2) 미분 펄스

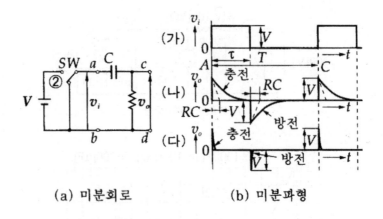

(a) 미분회로　　　　　(b) 미분파형

그림 1.30 미분회로의 파형

그림 (a)에서 SW를 $\tau\,[S]$, $T-\tau\,[S]$ 동안 ②, ①쪽으로 번갈아가며 되풀이 하면 그림 (b)와 같은 파형이 나오며, 시정수 RC의 값에 의해 (나), (다)와 같이 다른 파형이 나타난다. 이와 같은 회로를 미분회로라 한다.

(3) 적분 펄스

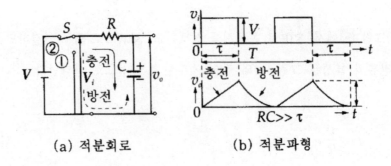

(a) 적분회로　　　　　(b) 적분파형

그림 1.31 적분회로의 파형

그림 (a)에서 스위치 S를 $\tau\,[S]$, $T-\tau\,[S]$ 동안 ②에서 ①쪽으로 번갈아 가며 연결하면 그림 (b)와 같은 파형이 반복된다. 이와 같은 RC 직렬회로를 미분회로라 한다.

[문제 1] 그림의 회로에서 스위치 A가 1의 위치에 있을때 축전기 C 양단의 전압이 V로 충전되었고 이때의 전류는 0이다. 만일 t=0에서 스위치 A를 스위치 2로 전환하면 $t \geq 0$에서의 전류 I는? [가]

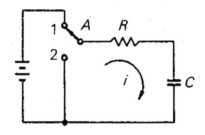

가. $i(t) = -\dfrac{V}{R}\,e^{-t/RC}$ 　　　나. $i(t) = -\dfrac{R}{V}\,e^{-t/RC}$

다. $i(t) = \dfrac{V}{R}(1 - e^{-t/RC})$ 　　　라. $i(t) = -\dfrac{V}{R}(1 - e^{-t/RC})$

1.3 전자기 현상

가. 정전기

[1] 콘덴서와 정전용량

(1) 대전과 전하

① 대전현상

유리 막대를 비단 천으로 마찰시키면 유리 막대에는 양(+)의 전기, 비단 천에는 음(-)의 전기를 일으킨다. 이러한 현상을 대전현상이라 한다. 이때 생긴 전기량을 전하라고 하며, 물체 위에 정지하고 있으므로 정전기(static electricity)라고 한다.

(2) 정전유도와 차폐
① 정전유도
대전이 안된 도체 가까이 양(+)으로 대전된 물체를 놓으면 대전된 물체에 가까운 곳에는 음(-) 전하가 모이고, 먼 곳에는 양(+) 전하가 나타나는 현상을 정전유도라고 한다.

② 정전차폐
외부로부터의 정전유도현상을 막기 위하여 도체로 둘러싸는 것을 정전차폐시킨다고 한다.

[2] 정전용량과 콘덴서
(1) 정전용량의 정의
전압 V[V]에 의해 축적된 전하를 Q[C]라 하면 다음과 같이 표시할 수 있다.

$$Q = CV \ [C] \tag{1.67}$$

비례상수 C는 전극이 전하를 축적하는 능력의 정도를 나타내는 상수로서 정전용량이라 한다.

(2) 정전용량의 단위

$$C = \frac{Q}{V} \ [F] \tag{1.68}$$

실용적으로 1[F]라는 단위는 너무 크기 때문에 주로 $1[\mu F] = 10^{-6}$, $1[pF] = 10^{-12}[F]$를 사용한다.

(3) 콘덴서

2개의 도체 사이의 정전용량을 이용하기 위하여 만들어진 장치를 콘덴서 또는 캐패시터라 한다.

① 콘덴서의 정전용량

$$C = \frac{\varepsilon A}{d} \tag{1.69}$$

ε : 유전체의 유전율, d : 극판간의 거리, A : 극판의 단면적

나. 콘덴서의 접속

(1) 직렬 접속

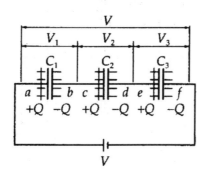

그림 1.32 콘덴서의 병렬 접속

콘덴서를 직렬로 접속하면 정전용량의 크기에 따라 다른 전압이 걸리나, 충전량은 같다.

$$Q = C_1 V_1 [\text{C}] \qquad V_1 = \frac{Q}{C_1} [\text{V}] \tag{1.70}$$

$$Q = C_2 V_2 [\text{C}] \qquad V_2 = \frac{Q}{C_2} [\text{V}] \tag{1.71}$$

$$Q = C_3 V_3 [\text{C}] \qquad V_3 = \frac{Q}{C_3} [\text{V}] \tag{1.72}$$

$$V = V_1 + V_2 + V_3 = \frac{Q}{C_1} + \frac{Q}{C_2} + \frac{Q}{C_3}$$

$$= Q(\frac{1}{C_1} + \frac{1}{C_2} + \frac{1}{C_3}) = \frac{Q}{C} [\text{V}] \tag{1.73}$$

합성 정전용량 C는

$$\frac{1}{C} = \frac{1}{C_1} + \frac{1}{C_2} + \frac{1}{C_3} \tag{1.74}$$

(2) 병렬 접속

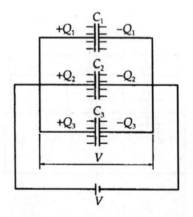

그림 1.33 콘덴서의 병렬 접속

콘덴서를 병렬로 접속하면 콘덴서 값에 따라 충전된 전하량이 달라진다.

$$Q_1 = C_1 V_1 [\text{C}], \qquad Q_2 = C_2 V_2 [\text{C}], \qquad Q_3 = C_3 V_3 [\text{C}] \tag{1.75}$$

총 전하량

$$Q = Q_1 + Q_2 + Q_3 = C_1 V + C_2 + V + C_3 + V = V(C_1 + C_2 + C_3) = VC [\text{C}]$$
$$(1.76)$$

합성 정전용량 $C = C_1 + C_2 + C_3$ (1.77)

다. 전기장

[1] 전기장의 세기

(1) 쿨롱의 법칙(coulomb's law) : 정전기에 의하여 작용하는 힘

2개의 점전하 사이에 작용하는 정전기의 크기는 두 전하(전기량)의 곱에 비례하고 전하 사이의 거리의 곱에 반비례한다.

$$F = \frac{1}{4\pi\varepsilon} \cdot \frac{Q_1 Q_2}{r^2} = 9 \times 10^9 \times \frac{Q_1 Q_2}{\varepsilon_s r^2} \ (\varepsilon = \varepsilon_0 \varepsilon_s : \text{유전률}) \ (1.78)$$

(2) 전기장과 전기력선

① 전장의 세기와 단위

+Q [C]으로부터 r[m] 떨어진 점의 전장의 세기

$$E = \frac{1}{4\pi\varepsilon_0 \varepsilon_s} \cdot \frac{Q}{r^2} = 9 \times 10^9 \times \frac{Q}{\varepsilon_s r^2} \ [\text{V/m}] \qquad (1.79)$$

② 전기력선의 성질

　㉠ 양전하에서 나와 음전하로 향한다.

　㉡ 전하가 없는 곳에서는 전기력선의 발생, 소멸이 없고 연속적이다.

　㉢ 전위가 높은 점에서 낮은 점으로 향한다.

　㉣ 그 자체만으로 폐곡선을 이룬다.

　　ⓜ 도체 표면에서 수직으로 출입하며 서로 교차하지 않는다.

　　ⓗ 같은 전기력선은 반발한다.

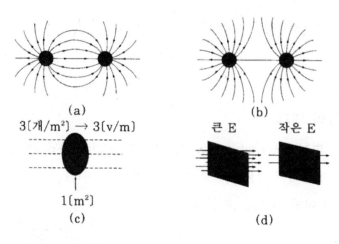

그림 1.34 전기력선

③ 전기력선의 방향

전기력선의 방향은 그 점의 전자의 방향과 일치한다.

[2] 유전체 내의 에너지

콘덴서 내의 축적 에너지 W[J]은

$$W = \frac{1}{2} CV^2 = \frac{QV}{2} [J] \tag{1.80}$$

라. 자기현상

[1] 자석에 의한 자기현상

① 자력선의 성질

　　ⓐ 자장 중에 N극에서 나와 S극으로 들어가는 가상선이다.

　　ⓑ 자력선은 같은 방향의 자력선들 사이에는 서로 반발하지 않는다.

ⓒ 자력선은 서로 교차하지 않는다.

ⓔ 자력선은 그 접선에서의 자장의 방향을 나타낸다.

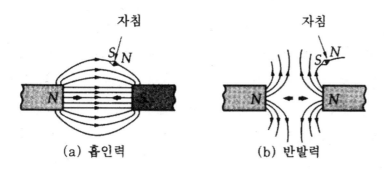

그림 1.35 자력선과 자력

마. 전류에 의한 자기장

(1) 전류와 자기장의 관계

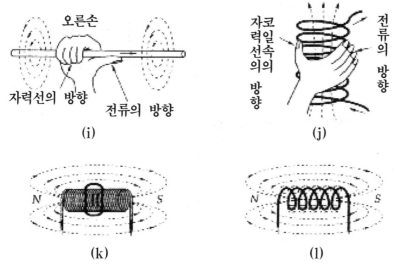

전류가 흐르면 그 주위에 자장이 생기고, 전류의 방향과 자장의
방향은 각각 오른나사에 전형 방향과 회전방향이 일치한다.

그림 1.36 전류에 의한 자장

① 도선에 전류가 흐르면 반드시 그 주위에는 자장이 발생한다.

② ⊗표는 자력선이 지면으로 들어가는 방향을 나타내고 ⊙표는 지면에서 나오는 방향을 표시한다.

③ 자력선의 방향은 오른나사법칙을 따른다.

④ 코일에 전류를 흘리면 전선을 쇄교하는 자력선은 서로 합해져서 강한 자장을 만들며, 그 크기는 코일을 감은 횟수에 비례한다.

⑤ 전류에 의해 생기는 자력선의 방향은 앙페르의 오른나사의 법칙 또는 오른손 법칙에 따른다.

바. 전자력

[1] 전자력의 방향과 세기

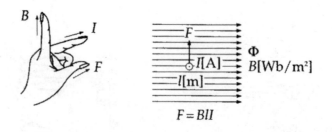

그림 1.37 플레밍의 왼손법칙

자장내에 있는 도체에 전류를 흘리면 도체에 힘이 작용하며, 이 힘을 전자력이라 하며, 이 힘의 방향은 플레밍의 왼손법칙으로 정한다. 즉, 엄지 손가락→힘의 방향(F), 집게 손가락→자장의 방향(B), 가운데 손가락→전류가 흐르는 방향(I)이며 전자력의 크기는 다음과 같다.

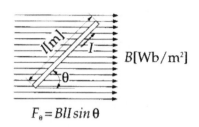

$$F_\theta = BII \sin\theta$$

그림 1.38 전자력의 크기

여기서

B : 자속 밀도[Wb/m^2]

l : 자장속에 놓여 있는 도체의 길이[m]

I : 도체에 흐르는 전류

θ : 자장과 도체가 이루는 각

사. 전자유도

[1] 전자유도

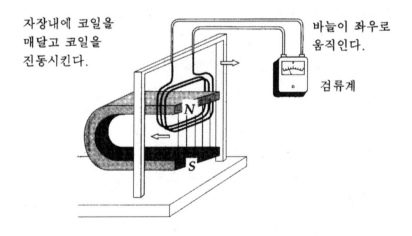

자장내에 코일을 매달고 코일을 진동시킨다.

바늘이 좌우로 움직인다.

검류계

N

S

그림 1.39 전자 유도 도체가 자장 내를 운동하면 전압이 발생한다.

코일과 쇄교하는 자속이 변화하면 이 변화를 방해하는 방향으로 기전력이 유기되는 현상을 전자유도라 하며 코일에 기전력이 유기되어 전류가 흐른다. 이때의 기전력을 유도 기전력, 전류를 유도전류라 한다. 위의 그림에서 코일을 진동시키거나, 자석을 움직이면 코일에 자속이 변화(쇄교)하여 전압이 유도된다.(발전기와 변압기에 이용)

① 렌쯔의 법칙

전자유도에 의하여 생긴 기전력의 방향은 그 유도전류가 만드는 자속이 항상 원래의 자속의 증가 또는 감소를 방해하는 방향이다.

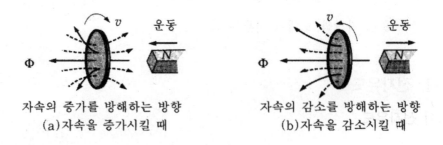

그림 1.40 유도 기전력의 방향

코일을 지나는 자속이 증가할 때는 자속을 감소시키는 방향으로, 또 감소될 때는 자속을 증가시키는 방향으로 유도 기전력이 발생한다.

② 플레밍의 오른손 법칙

도체의 운동에 의한 유도 기전력의 방향은 오른손의 엄지, 검지, 중지를 각각 직각으로 하여 도체의 운동방향, 자기장의 방향, 유도 기전력의 방향이 된다.

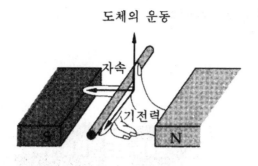

그림 1.41 플레밍의 오른손 법칙

아. 인덕턴스

(1) 자기 유도와 자기 인덕턴스

어떤 코일에 흐르는 전류가 변화면 코일과 쇄교하는 자속이 변화하므로 이 코일에 기전력이 유도된다. 이 현상을 자기 유도라 한다.

① 자기 유도 기전력

$$v = -N\frac{\Delta\psi}{\Delta t} = -L\frac{\Delta I}{\Delta t} \tag{1.81}$$

여기서 부호(-)는 방향의 반대를 나타내며

     N : 코일의 감은 회수　　L : 자기 인덕턴스

     I : 전류　　　　　　　　$\Delta\psi$: 자속의 변화량

     ΔI : 전류의 변화량　　　Δt : 시간의 변화

② 자기 인덕턴스

$$L = \frac{N\psi}{I}\,[\mathrm{H}] \tag{1.82}$$

(2) 상호 유도와 상호 인덕턴스

① 상호 유도

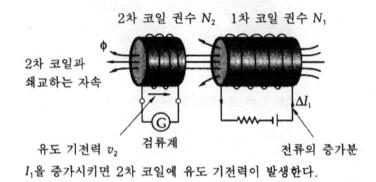

그림 1.42 상호 유도

2개의 코일을 가까이 하여 한쪽 코일에 전류를 흘리면 그때 생긴 자속이 다른 쪽 코일과도 쇄교한다. 즉, 1차 코일의 전류가 변화하면 2차 코일에 쇄교하는 자속도 변화하므로 그 자속을 방해하려는 방향으로 기전력이 유도된다. 이러한 현상을 상호 유도라 하고, 2개의 코일을 전자적으로 결합되어 있다고 한다.

② 상호 인덕턴스

$$v_2 = -M\frac{\Delta I_1}{\Delta t} \ [\text{V}] \tag{1.83}$$

$$M = \frac{N_2\phi}{I_2}[\text{H}] \tag{1.84}$$

③ 결합계수

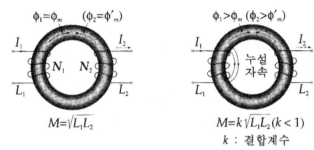

ϕ_m : ϕ_1중에서 2차 코일을 지나는 자속
ϕ'_m : ϕ_2에서 1차 코일을 지나는 자속

(a) 누설자속이 없는 경우의 M (b) 누설자속이 있는 경우의 M

그림 1.43 자기 인덕턴스와 상호 인덕턴스의 관계

누설 자속이 있는 경우에 상호 인덕턴스 값은

$$M = k\sqrt{L_1 . L_2} \tag{1.85}$$

여기서 k를 결합계수라 하며, 1보다 작은 값을 가진다.

④ 인덕턴스의 접속

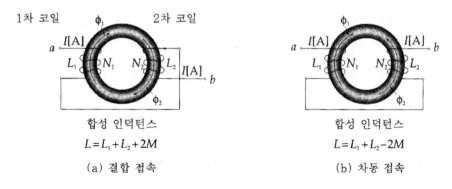

합성 인덕턴스   합성 인덕턴스

$L = L_1 + L_2 + 2M$ $L = L_1 + L_2 - 2M$

(a) 결합 접속   (b) 차동 접속

그림 1.44 인덕턴스의 접속

자. 전자 에너지

(1) 코일에 축적되는 에너지

$$W = \frac{1}{2} L I^2 \tag{1.86}$$

여기서 L : 코일의 자체 인덕턴스[H]

I : 코일에 흐르는 전류[A]

차. 히스테리시스 곡선

(1) 자화 곡선과 히스테리시스 곡선

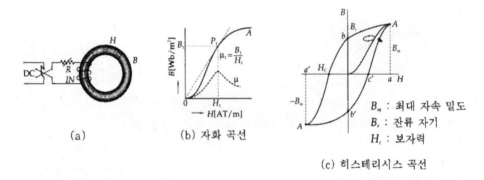

(a) (b) 자화 곡선 (c) 히스테리시스 곡선

B_m : 최대 자속 밀도
B_r : 잔류 자기
H_c : 보자력

그림 1.45 철의 자화 곡선과 히스테리시스 곡선

① 자기 이력선(히스테리시스 곡선) : 그림 (a)의 저항 R을 조정하여 전류를 증가시키면 자장 세기 H는 전류에 비례하여 증가하나 자속밀도 B는 H와 같이 비례하지 않는다. 이러한 현상은 처음의 자화된 상태의 영향을 받고 있기 때문이다. 이와 같은 현상은 공심인 경우 나타나지 않으나, 강자성체에서 나타난다.

② 잔류자기 : 그림 (c)에서 자장이 없을 때의 자속밀도 B_r을 잔류자기라 한다.

③ 보자력 : 그림 (c)에서 전류자기를 없애는데 필요한 자장 H_c를 보자력이라 한다.

2. 반도체 이론

semiconductor

semiconductor
semiconductor
semiconductor
semiconductor

2. 덧셈과 뺄셈

2.1 에너지대 이론

가. 에너지 장벽과 자유전자

① 에너지 장벽 : 전자가 원자의 구속으로부터 탈출하는데 필요한 에너지

② 자유전자 : 특정한 원자에 구속되지 않고 자유롭게 이동하는 전자

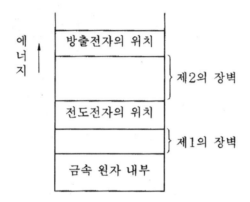

그림 2.1 전자방출에 필요한 에너지

나. 전자의 에너지 준위

① 에너지 준위 : 각 궤도에 있는 전자가 가지는 에너지

② 기저 준위 : 에너지 준위 중 첫 궤도에 해당하는 가장 낮은 에너지 준위

③ 페르미 준위 : 절대온도 $0°[K]$에서 전자가 존재할 확률이 50%인 최외각 궤도 밖의 에너지 준위

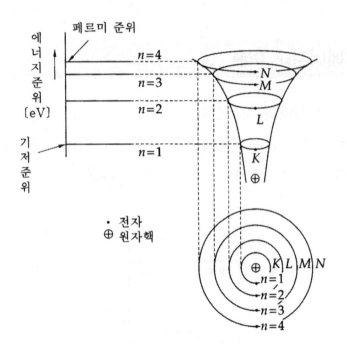

그림 2.2 전자의 에너지 준위

각 궤도에 존재할 수 있는 전자의 개수 : $2n^2$

- n=1 : 2개

- n=2 : 8개

- n=3 : 18개

- n=4 : 32개

다. 에너지대

에너지대는 충만대, 금지대, 가전자대, 전도대라는 일정한 폭을 가진 여러 대역으로 되어 있다.

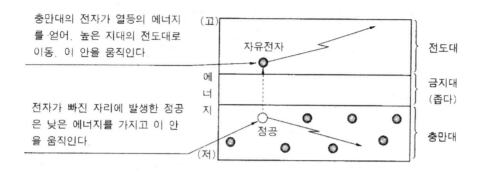

충만대의 전자가 열등의 에너지를 얻어, 높은 지대의 전도대로 이동. 이 안을 움직인다.

전자가 빠진 자리에 발생한 정공은 낮은 에너지를 가지고 이 안을 움직인다.

그림 2.3 에너지대 내의 캐리어

충만대 : 전자가 존재할 수 있는 만큼 완전히 전자로 충만되어 있는 에너지대

금지대 : 전자가 존재할 수 없는 대역으로, 반도체인 Si이나 Ge은 절연체에 비해 금지대가 좁다

가전자대 : 전자가 존재할 수 있는 만큼 완전히 전자로 충만되어 있지 않은 에너지대

전도대 : 가전자대에 있는 어떤 전자가 에너지를 얻어서 금지대를 뛰어 넘어 이동할 수 있는 높은 에너지대로서, 전자가 빠져 나간 자리에는 정공이 발생한다.

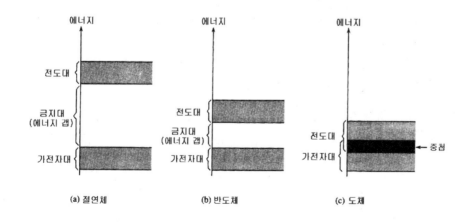

그림 2.4 물질의 에너지 대역

[문제 1] 반도체에 있어서 다음 설명 중 옳지 않은 것은? [나]

가. 전도대는 대부분 전자가 비어있는 에너지 준위로서 여기에 있는
전자는 전계에 의해 가속될 것이다.

나. 금지대의 에너지 폭이 넓으면 열에 의한 영향을 그 만큼 크게 받
는다.

다. 금지대의 에너지 폭은 가전자의 구속에너지 크기를 나타낸다.

라. 과잉 소수캐리어는 열평형 상태보다 과잉된 소수캐리어이다.

▶ **해설** ◀ 반도체의 금지대의 폭이 넓으면 그 만큼 열에 의한 영향을 덜 받는다.

[문제 2] 반도체에 있어서 금지대의 에너지 갭은? [나]

가. 가전자대 바로 밑에 있다.

나. 가전자대와 전도대 사이에 있다.

다. 가전자대를 금지대로 부르기도 한다.

라. 전도대 위에 있다.

▶ **해설** ◀ 에너지 갭(Energy gap)

전도대와 가전자대 사이는 전자들에게 허용되지 않는 에너지 범위로서 이를
금지대라 하며, 이 금지대 폭을 에너지 갭이라 한다.

라. 일함수(work function)

① **일함수** : 장벽의 높이 ψ 로 전자가 금속면을 탈출하는데 필요한 에너지

② 일함수는 $\psi = W_o - W_f$ [eV], W_o : 탈출 준위, W_f : 페르미 준위

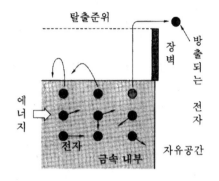

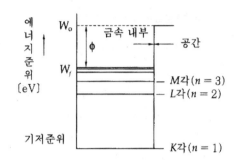

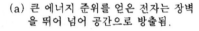

(a) 큰 에너지 준위를 얻은 전자는 장벽
을 뛰어 넘어 공간으로 방출됨.

(b) 금속의 에너지 준위와 일함수

그림 2.5 에너지 준위와 장벽

마. 전자 방출

① 열전자 방출

일함수보다 큰 열에너지에 의해 전자가 탈출 준위를 넘어 공간으로 방출하는
현상

② 전기장 방출

금속 표면에 $10^8[V/m]$ 정도의 강한 전기량을 가할 경우 전자가 방출되는 현상

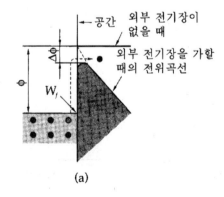

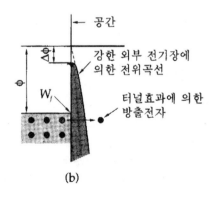

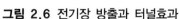

그림 2.6 전기장 방출과 터널효과

● 터널효과(tunnel effect)

㉠ 앞의 그림 (a)와 같이 전기장이 가해지면 금속의 일함수가 $\Delta\psi$[eV] 만큼 낮아진다.

㉡ 더욱 강한 전기장을 가하면 그림 (b)와 같이 전위 곡선의 기울기가 급해지고 장벽의 두께가 얇아진다.

㉢ 따라서 충분한 에너지를 갖지 못한 자유전자라도 장벽을 뚫고 나올 수 있는데 이러한 현상을 터널효과라 한다.

③ 2차전자 방출

전자가 금속 표면에 고속으로 충돌할 때 금속 표면의 전자가 외부로 방출되는 현상

④ 광전자 방출

도체에 빛을 비추면 그 표면에서 전자가 공간으로 방출되는 현상

㉠ 광양자 에너지 : $E = hf$ [J]

㉡ 광전자 방출량은 빛의 총량과 강도에 비례한다.

㉢ 광전자의 속도는 빛의 파장에만 관계된다.

㉣ 광전자 방출에는 시간 지연이 거의 없고 3×10^{-19}[s] 이하이다.

바. 반도체

반도체는 도체와 절연제의 중간 정도의 저항율을 가지고 있다.

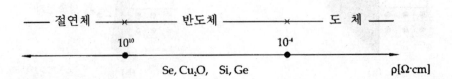

그림 2.7 반도체의 저항율

【문제 3】 진성 반도체의 고유저항을 ρ, 전자 농도를 n이라 하면 다음 중 옳은 것은? [다]

가. $\rho \propto n$ 　　　 나. $\rho \propto n^2$ 　　　 다. $\rho \propto \dfrac{1}{n}$ 　　　 라. $\rho \propto \dfrac{1}{n^2}$

▶ **해설** ◀ ① 도전률 : $\sigma = ne\mu = ne(\mu_p + \mu_n)$ ② 저항률 : $\rho = \dfrac{1}{\sigma} = \dfrac{1}{ne\mu}$

사. 공유결합

불안정한 원자가 불활성 기체와 같은 안정한 전자 배치를 가지기 위하여 2개의 원자가 각각 전자를 내놓아, 이 전자들이 인접한 두 원자에 공유됨으로써 분자를 만드는 화학결합을 말한다.

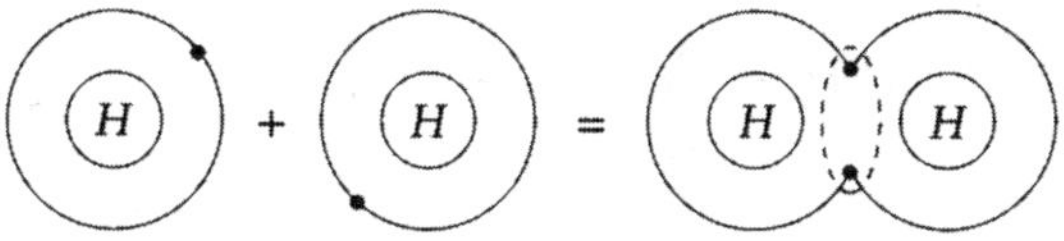

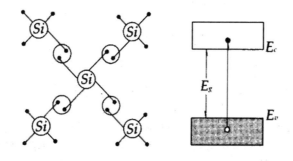

그림 2.8 H₂의 공유결합

아. 진성 반도체

불순물이 전혀 들어있지 않은 순수한 Ge, Si 반도체를 말한다.

그림 2.9 진성 반도체의 구조

① Si와 Ge은 0[°K]에서는 절연체이다.

② 공유결합은 결합력이 약하여 상온에 해당하는 열 에너지로도 다수의 전자가 결합을 깨고 자유전자로 될 수 있다.

③ 전계를 가하면 전자는 전계의 반대 방향으로 이동한다.

④ 전자가 빠져나간 자리를 정공(hole)이라 하며, 전자의 반대경로를 통해 이동한다.

⑤ 전자와 정공은 전류를 흘려줄 수 있는 매체이므로 반송자(carrier)라 한다.

⑥ 진성 반도체도 상온에서는 반송자의 이동으로 다소의 전도성을 가지게 된다.

[문제 4] 진성 반도체 내에서 캐리어 농도란? [가]

　　가. 열평형 상태에서 농도를 말한다.

　　나. 열교란 상태에서 농도를 말한다.

　　다. 절대 온도 300[°K]에서 농도를 말한다.

　　라. 절대 온도 0[°K]에서 농도를 말한다.

　▶ 해설 ◀ 진성 반도체의 캐리어 농도는 n_i로 표시하며 $n_i = n_o = p_o$, 즉 열평형 상태를 말하며, 진성 반도체에서는 자유전자와 정공이 한쌍으로 생성 또는 소멸한다.

[문제 5] 진성 반도체에서 페르미준위(Fermi level)는 온도에 어떠한 영향을 받는가? [라]

　　가. 온도가 상승하면 전도대 쪽으로 접근한다.

　　나. 온도가 하강하면 가전자대 쪽으로 접근한다.

　　다. 온도가 상승하면 가전자대 쪽으로 접근한다.

　　라. 온도 변화에 상관없이 금지대 중앙에 위치한다.

　▶ 해설 ◀ 불순물의 양이 많아지면 페르미 준위 E_F는 금지대의 중앙으로부터 멀어지고, 온도가 상승하면 진성 반도체의 페르미 준위(금지대의 중앙)에 가까워진다.

(1) 진성 반도체의 페르미 준위 : 온도에 무관하게 금지대 중앙에 위치한다.

(2) 불순물 반도체의 페르미 준위 : 온도가 상승하면 금지대의 중앙으로 접근한다.

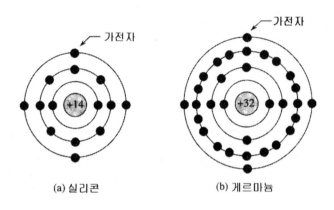

그림 2.10 최외각 전자가 4가인 실리콘과 게르마늄 원자

자. 불순물 반도체

(1) n형 반도체

순수한 Si이나 Ge 속에 5가인 As(비소), Sb(안티몬), P(인), Bi(비스무스) 등을 소량 넣어 만든 반도체로 전자가 과잉된 반도체이다.

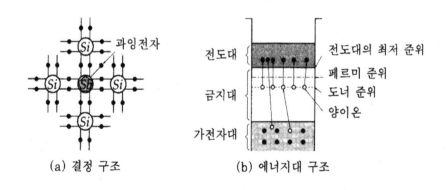

그림 2.11 n형 반도체의 구조

① 불순물 원소인 Sb의 5개 전자중 4개는 주위의 Si 가전자와 공유결합하고, 나머지 1개의 전자는 공유결합을 하지 못하고 과잉 자유전자로 존재한다.

② 전계를 가하면 과잉 전자나 여기 전자는 전계의 반대 방향으로 이동하여 전류가 된다.

③ 다수 반송자가 과잉 전자 즉, nagative 전하가 되므로 n형 반도체라 한다.

④ 이때 Sb와 같은 불순물을 도너(donor)라고 한다.

(2) p형 반도체

순수한 Si이나 Ge 속에 3가인 In(인듐), Ga(갈륨), B(붕소), Al(알루미늄) 등을 소량 넣어 만든 반도체로 정공이 과잉된 반도체이다.

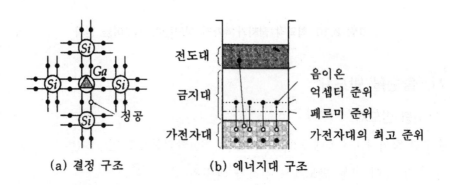

(a) 결정 구조   (b) 에너지대 구조

그림 2.12 p형 반도체의 구조

① 불순물 원소인 In의 3개 가전자는 주위의 Si 가전자와 공유결합하나, 1개의 전자가 부족하여 결합을 이루지 못하고 정공으로 남게 된다.

② 전계를 가하면 정공은 인접 전자를 끌어당겨 채우기 때문에 전자의 이동으로 인하여 정공 자체가 이동한 것처럼 보인다.

③ 다수 반송자가 정공 즉, positive 전하이므로 p형 반도체라 한다.

④ 이때 In과 같은 불순물을 억셉터(Accepter)라고 부른다.

2.2 다이오드(Diode)

가. PN 접합

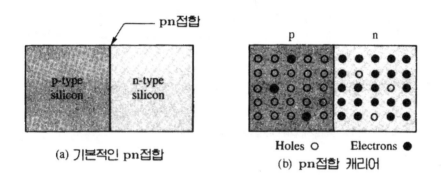

그림 2.13 기본적인 pn 접합과 캐리어

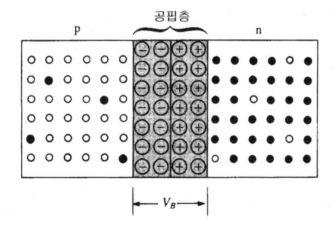

그림 2.14 pn 접합의 평형상태

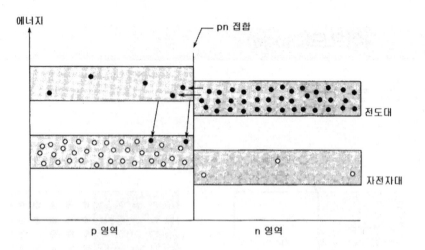

그림 2.15 확산시 pn 접합의 에너지 대역

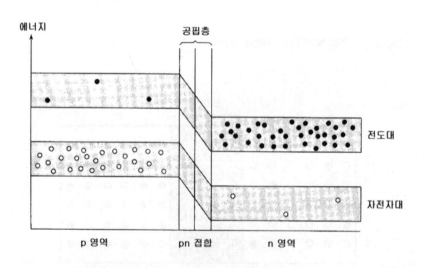

그림 2.16 평형상태에서 pn 접합의 에너지 대역

p형 반도체와 n형 반도체를 물리적으로 결합한(기계적으로 접촉되어 있을 뿐만 아니라 원자 구조적 결합) 것을 다이오드라 한다.

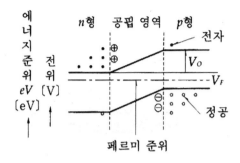

그림 2.17 pn 접합의 에너지대 구조

① 과잉 전자, 정공의 확산이 일어난다.

② 확산에 의한 전위의 기울기, 즉 전계의 발생으로 인한 드리프트 전류가 흘러 확산전류를 상쇄한다.

③ V_f 준위가 일치함과 동시에 전도대, 가전자대가 일치하지 않아 전위장벽이 생기고 캐리어들은 전위장벽을 넘을 수 없어 새로운 평형상태에 도달한다.

- **확산전류**

반도체(N형 또는 P형)에서는 캐리어 농도차(다수케리어와 소수케리어)에 의한 캐리어의 이동에 의해 발생하는 전류를 확산전류라고 하며, 확산이 평형될 때는 더 이상의 전류는 존재하지 않는다.

- **드리프트 전류**

반도체에 전계(전압을 인가)를 가하면 캐리어(전자와 정공)가 힘을 받아 이동하며, 이때 생기는 전류를 드리프트 전류라 한다.

- 소수 캐리어의 접촉 전위차(전위장벽)에 의한 드리프트 전류와 다수 캐리어에 의한 확산전류는 그 크기가 같고 방향이 반대이므로 전류는 0이 되는데, 이 상태를 열평형 상태라고 한다.

나. PN 바이어스

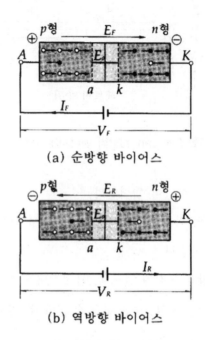

(a) 순방향 바이어스

(b) 역방향 바이어스

그림 2.18 pn 바이어스

(1) 순방향 바이어스

① 평형상태에서 p형 측을 ⊕, n형 측을 ⊖가 되도록 전압 V_F를 인가한다.

② 단자 A-K 사이에는 장벽 전압에 의한 전기장 E_0와 역방향의 전기장 E_F 가 생긴다. $E_F > E_0$인 경우에 정공은 E_F 방향으로 전자는 E_F 반대방향으로 이동하여 전류가 많이 흐른다.

(2) 역방향 바이어스

① 순방향 바이어스와는 반대로 p형 측을 ⊖, n형 측을 ⊕가 되도록 전압 V_R 를 인가한다.

② V_R에 의한 전기장 E_R은 전기장 E_0와 같은 방향이 되므로 정공은 E_R의 방향으로, 전자는 E_R와 역방향으로 이동하여 극히 적은 전류 I_R가 흐른다.

③ 이때 V_R을 역방향 전압 또는 역전압이라 하고, I_R을 역방향 전류 또는 역전류라 한다.

④ 역전압 V_R을 크게 하면 급격히 대전류가 흐르는데 이것을 항복전압이라 한다.

[문제 6] PN 접합면의 공핍층의 두께 t는 역바이어스 전압 Vr의 어떤 관계가 있는가? [다]

　　가. Vr에 비례　　　　나. Vr^2에 비례

　　다. $Vr^{1/2}$에 비례　　　라. Vr에 비례

　▶ **해설** ◂ 공간전하영역의 천이용량 C_t

$$C_t = \frac{K}{\sqrt{|V|}} = \frac{\varepsilon A}{t} \quad (|V|\text{는 역바이어스 전압})$$

[문제 7] PN 접합의 공간전하영역의 폭은 전위장벽의 높이와 어떤 관계를 갖는가? [다]

　　가. 비례한다.　　　　나. 반비례한다.

　　다. 1/2승에 비례한다.　　라. −1/3승에 비례한다.

[문제 8] PN 접합에서 공간전하용량에 영향을 주지 않는 것은? [나]

　　가. 접합 면적의 크기　　나. 역포화 전류의 크기

　　다. 역방향 전압의 크기　　라. 공간전하영역의 폭

[문제 9] 반도체 다이오드가 부성온도계수를 가지는 이유는? [다]

가. 온도 상승에 따라 반도체의 체적이 팽창하므로

나. 온도 상승에 따라 인가 전압이 증가되므로

다. 온도 상승에 따라 반도체 내부의 결정격자 사이의 자유전자 운동
  이 활발해지므로

라. 반도체 내부의 저항온도계수가 변하므로

▶ **해설** ◀ 온도 상승시의 특성

$$I_0(T_2) = I_0(T_1) \times 2^{\frac{T_2 - T_1}{T_2}}$$

(온도 10도 상승시 전류 I_0는 2배 증가한다)

다. PN 접합 다이오드의 전류 방정식

순바이어스 전류 ($V_f > 0$) : $V \gg \dfrac{KT}{e}$

$I = I_o e^{\frac{ev}{KT}}$ (V > 0 이면 전류는 지수함수적으로 증가한다) (2.1)

역바이어스 전류 ($V_r < 0$) : $|V| \gg \dfrac{KT}{e}$

$I = -I_0$ (V < 0 이면 $e^{ev/KT} = 0$으로 되고, $I = -I_0$으로 차단전
류만 소량 흐른다)   (2.2)

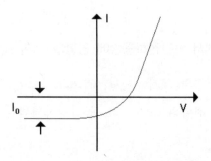

그림 2.19 PN 접합 다이오드의 전류–전압 특성

[문제 10] 상온에서 PN접합 다이오드에 0.1[V] 이상 인가했을 때 순방향 전류 특성은? [라]

　　가. 인가 전압에 비례한다.

　　나. 인가 전압의 제곱에 비례한다.

　　다. 인가 전압의 3/2 제곱에 비례한다.

　　라. 인가 전압의 지수함수에 비례한다.

라. 여러 종류의 다이오드와 특성

(1) 제너 다이오드(Zener Diode)

① 역방향 전압을 가해 전류가 급격히 흐르는 포화특성을 이용한 것이다.

② 전압을 일정하게 하는 전압제어소자로 사용되며 정전압 다이오드라고도 한다.

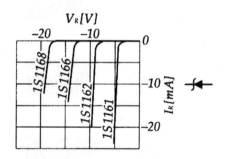

그림 2.20 제너 다이오드의 특성과 기호

제너 다이오드는 직류 전원에서 전압 안정화의 응용에 이용되며, 제조과정에서 불순물 첨가 정도에 의해 역방향 항복전압을 조절할 수 있다. Breakdown 전압은 불순물 농도가 강할수록, 온도가 높을수록 낮아진다.

(2) 터널 다이오드(Tunnel Diode)

pn 접합에서 불순물 농도를 대단히 크게하면(10^{19}cm^{-3} 이상) n형 영역에서 자유전자밀도가 크게 되어 E_f가 전도대로 올라가고, p형 영역에서는 정공밀도가 커져 E_f는 가전자대로 내려온다.

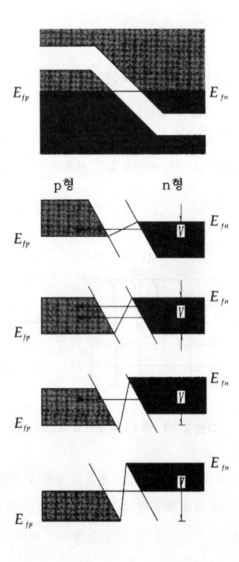

그림 2.21 터널 다이오드의 동작

㉠ 평형상태($V=0$)에서는 E_f가 일치해 n형 전도대의 전자는 p형 영역내의 같은 높이의 준위가 전부 채워져 있으므로 이 상태에서는 전자의 흐름은 없다.

㉡ 순방향 바이어스를 걸어주면 n형의 E_f가 올라가기 때문에 n형 전도대의 전자의 일부는 p형 내의 같은 준위가 비어있어 터널효과에 의해서 p형으로 이동할 수 있어 터널전류가 흐르기 시작한다.

㉢ 순방향 바이어스를 계속해서 높여 가면 p형으로 이동할 수 있는 전자는 더욱 증가해 터널전류는 계속해서 증가한다.

㉣ n형의 전도대가 너무 올라가면 n형 전도대의 일부 준위의 전자는 p형의 금지대에 서게 되며 p형으로 옮겨갈 수 없어 터널전류는 오히려 감소해진다.

㉤ 순방향 바이어스가 더욱 증가하여 0.5[V] 이상이 되면 터널전류는 제로지만, 일반 pn 접합상태가 되어 전류가 다시 증가하기 시작하며 부성저항특성이 나타난다.

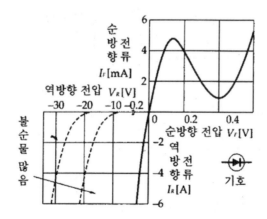

그림 2.22 터널 다이오드의 특성

● 고속 스위칭 소자나 발진회로에 이용

[문제 11] 다음과 같은 터널 다이오드 발진기에서 발진이 일어날 수 있는 조
건은? [다]
(단, 터널 다이오드의 부성저항을 Rn, 코일의 저항은 Rp라 한다)

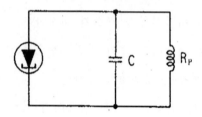

가. | Rn | > Rp   나. | Rn | < Rp

다. | Rn | = Rp   라. | Rn |·Rp = 1

[문제 12] 그림에서 D가 8[V] 제너 다이오드일 때 D를 흐르는 전류는? [나]

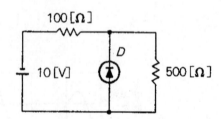

가. 1.2[mA]   나. 4[mA]

다. 10[mA]   라. 16[mA]

▶ **해설** ◀ 저항 R=100(Ω)에 흐르는 전류 I_R은

$$I_R = \frac{V_i - V_z}{R} = \frac{10-8}{100} = 0.02 = 20[mA]$$

또 부하 R_L=500[Ω]에 흐르는 전류 I_L은

$$I_L = \frac{V_z}{R_L} = \frac{8}{500} = 0.016 = 16[mA]$$

따라서 제너 다이오드 D에 흐르는 전류 I_Z는

$$I_Z = I_R - I_L = 20[mA] - 16[mA] = 4[mA]$$

[문제 13] 다이오드의 종류에 따른 관계 사항이다. 상호 관계가 되지 않는 것
은? [나]

　가. 터널(tunnel) 다이오드 - 발진 작용

　나. 임패트(impatt) 다이오드 - 정류 작용

　다. 제너(zener) 다이오드 - 정전압 특성

　라. 바렉터(varactor) 다이오드 - FM 변조 작용)

　▸ **해설** ◂ 임패트 다이오드는 큰 부성저항 특성이 있으며 극초단파용 발진소자로 사용
한다.

(3) Varactor 다이오드

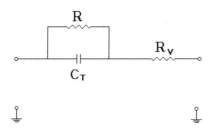

그림 2.23 바랙터 다이오드의 등가회로

다이오드의 접합부 용량이 양단에 가한 역바이어스 전압에 의하여 변하는 것
을 이용하며, AFC 회로, FM 변조회로 등에 사용된다.

[문제 14] 역바이어스 전압에 따라 접합 정전용량이 가변되는 성질을 이용하
는 다이오드는? [나]

　가. 제너 다이오드　　　　　나. 바랙터 다이오드

　다. 터널 다이오드　　　　　라. 광 다이오드

2.3 트랜지스터와 FET

가. 트랜지스터의 동작원리

① pnp 형은 pn 접합의 n쪽에 또 하나의 p형을 붙인 것으로 왼쪽부터 에미터 (Emitter), 베이스(Base), 컬렉터(Collector)라 하며, 입력(E-B 간)에는 순방향, 출력(C-B 간)에는 역방향 바이어스를 가한다.

② 순방향 바이어스 E_{EB}에 의하여 E측의 정공이 B의 영역 내로 들어가게 되나, 일단 들어가면 훨씬 높은 E_{EB}의 (-) 전극에 끌려 대부분 C로 들어가고 소수의 정공만이 B의 단자 쪽으로 이동하게 된다.

③ E에 흐르는 전류 I_E의 대부분은 B를 지나 C로 흘러 I_C가 되고, 일부는 B로 흘러 I_B가 되어 $I_E = I_B + I_C$가 성립한다. 이때 TR 기호 중 에미터의 화살표 방향은 에미터 전류 I_E의 방향을 나타낸다.

④ 입력을 개방($I_E = 0$)해도 C측에는 열 생성된 소수 캐리어의 이동에 의한 전류 I_{CO}가 흘러 I_C에 합해지는데, 이 전류를 컬렉터 차단전류라 한다.

이러한 현상을 에너지 준위로 설명하면 다음과 같다.

① 열평형 상태일 때, E_f는 모든 곳에서 일치하여 E-B 접합 및 C-B 접합에서 서로 반대방향으로 움직이는 다수 반송자의 확산운동과 소수 반송자의 드리프트 운동이 서로 균형을 유지하고 있다.

② E를 개방한 채 C-B 간을 역 바이어스로 걸면 C-B 간에 전위장벽이 높아지기 때문에 다수 캐리어에 의한 확산전류는 거의 차단되며, 소수 캐리어에 의한 드리프트 전류만이 흘러 컬렉터 차단전류 I_{CO}가 된다.

③ E-B 간을 순바이어스, C-B 간을 역 바이어스를 걸면 E-B 간에는 전위장벽이 낮아져 E에서 B로 정공이 주입되고 주입된 정공들은 B안으로 확산해

가면서 재결합에 의해 소멸되는 것도 있으나 대부분은 C-B 간의 공간 전
하층의 강한 전장에 끌려서 C로 흘러 들어가 I_c가 된다.

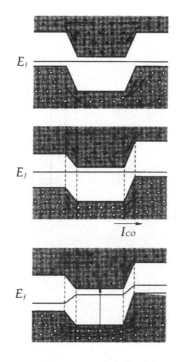

그림 2.24 에너지 대역

npn 형은 pnp와는 달리 전기 전도에 기여하는 반송자가 전자이므로 바이어
스의 극성과 전류의 방향이 반대이나 동작 원리는 마찬가지이다.

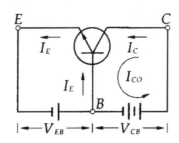

그림 2.25 npn TR의 동작원리

나. TR 접속법

(1) 베이스 접지형

베이스를 공통 단자로 하여 접지시키고 에미터에 입력을 가해 컬렉터로부터
출력을 얻는 방식

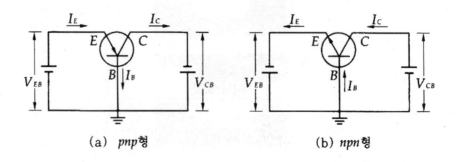

(a) *pnp*형　　　　(b) *npn*형

그림 2.26 베이스 접지형

(2) 에미터 접지형

에미터를 공통 단자로 하여 접지시키고 베이스에 입력을 가해 컬렉터로부터
출력을 얻는 방식

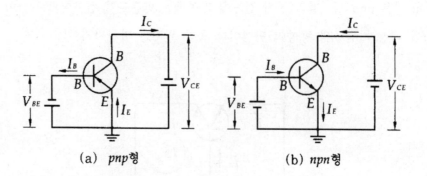

(a) *pnp*형　　　　(b) *npn*형

그림 2.27 에미터 접지형

(3) 컬렉터 접지형

컬렉터를 공통 단자로 하여 접지시키고 베이스에 입력을 가해 이미터로 출력
을 얻는 방식

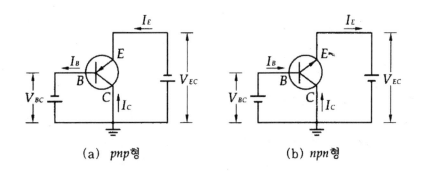

(a) pnp형   (b) npn형

그림 2.28 컬렉터 접지형

다. 정특성

트랜지스터의 정특성 곡선을 구함에 있어서 전압은 접지점을 기준으로 하여
양단자 전류가 트랜지스터로 흘러 들어가는 방향을 정(+) 방향으로 잡는다.

(1) 베이스 접지형

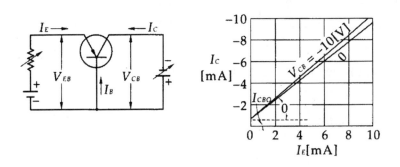

그림 2.29 베이스 접지의 트랜지스터 정특성 곡선

베이스 접지의 전류증폭률

$$\alpha = \left| \frac{\Delta I_C}{\Delta I_E} \right| (V_{CB} = 일정) = \tan\theta \simeq 0.95 \sim 0.99$$

$$\therefore I_C = -\alpha I_E + I_{CBO} \ [A] \tag{2.3}$$

(2) 에미터 접지형

에미터 접지의 전류증폭률

$$\beta = \left| \frac{\Delta I_C}{\Delta I_B} \right| (V_{CE} = 일정) = 50 \sim 120$$

$$\therefore I_C = -\beta I_B + I_{CEO} \ [A] \tag{2.4}$$

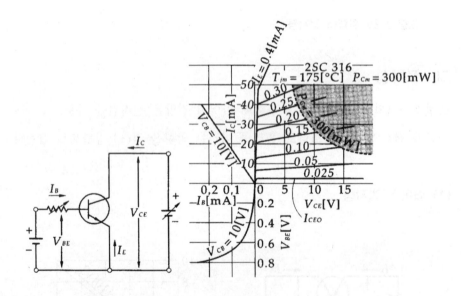

그림 2.30 에미터 접지의 트랜지스터 정특성 곡선

(3) α 와 β 의 관계

$$\beta = \frac{\alpha}{1-\alpha}, \quad \alpha = \frac{\beta}{1+\beta} \tag{2.5}$$

$$\therefore I_C = \beta I_B + I_{CEO}[A], \quad I_{CEO} = (1+\beta)I_{CBO} \tag{2.6}$$

【문제 15】 트랜지스터의 콜렉터 전류 Ico가 주위온도의 변화로 1.6[μA]에서 160[μA]로 증가되었을 때 콜렉터 전류 Ic의 변화가 1[mA]이었다면 이 회로의 바이어스 안정계수는 얼마인가?   [다]

    가. 631   나. 63.1

    다. 6.31   라. 0.631

▶ 해설 ◀ $S = \dfrac{\Delta I_c}{\Delta I_{co}} = \dfrac{1 \times 10^{-3}}{(160 - 1.6) \times 10^{-6}} = 6.31$

【문제 16】 트랜지스터의 펄스 응답을 개선하기 위한 것으로 옳지 않은 것은?   [나]

    가. 포화 전류가 흐르지 않게 한다.

    나. 상승 때에 베이스 전류 I_B를 크게 잡는다.

    다. 스피드-업(speed-up) 콘덴서를 사용한다.

    라. 하강 때에 베이스에는 역바이어스를 가한다.

▶ 해설 ◀ 트랜지스터가 포화되면 출력전압의 진폭이 크고 또 그 전위가 안정돼 있어 응용상으로 유리하나 전하의 축적시간으로 스위칭 속도가 저하된다.
  (1) I_B가 커지면 : 트랜지스터는 포화되어 스위칭 속도가 떨어진다.
  (2) 역 bias가 커지면 : 베이스에 축적된 소수 캐리어가 소멸되므로 축적시 간이 짧아져 스위칭 속도가 빨라진다.
  (3) 스피드-업 콘덴서를 사용 : 스위칭 속도를 높인다.

【문제 17】 트랜지스터를 빠른 속도로 스위칭 동작을 시키려면 어떤 영역에서 동작시켜야 되는가?   [다]

    가. 포화영역   나. 차단영역

    다. 불포화영역   라. 비직선 영역

[문제 18] $\alpha = -0.995$, $I_{CBO} = 5[\mu A]$인 트랜지스터에서 $I_B = 20[\mu A]$일 때 I_c의 값은? [라]

　　가. 1.98[mA]　　나. 2.98[mA]　　다. 3.98[mA]　　라. 4.98[mA]

　▶ **해설** ◀　$I_c = \beta I_B + I_{CEO}$

[문제 19] 트랜지스터의 I_{CBO}에 대한 설명 중 맞지 않은 것은? [라]

　　가. 콜렉터에 있는 소수 캐리어의 이동이다.

　　나. 그 값이 작을수록 좋다.

　　다. 온도가 높아지면 증가한다.

　　라. 베이스 개방일 때 콜렉터와 에미터 사이에 흐르는 전류이다.

[문제 20] I_{CEO}는 어떠한 전류의 성분인가? [나]

　　가. 일반적으로 I_{CBO}와 같은 것이다.

　　나. 베이스 전류가 0일때 에미터 접지회로의 콜렉터 전류이다.

　　다. 베이스 전류가 0일때 콜렉터 접지회로의 에미터 전류이다.

　　라. 에미터 전류가 0일때 에미터 접지회로의 콜렉터 전류이다.

[문제 21] 그림은 에미터접지 트랜지스터 회로의 Vce-Ic 정특성 곡선이다. 포화영역에 해당하는 것은? [가]

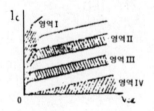

　　가. 영역 Ⅰ　　나. 영역 Ⅱ　　다. 영역 Ⅲ　　라. 영역 Ⅳ

　▶ **해설** ◀　TR의 동작영역
　　　　영역 Ⅰ : 포화영역, 영역 Ⅱ : 활성영역, 영역 Ⅳ : 차단영역

[문제 22] 다음 중 트랜지스터가 활성영역에서 동작하는 경우는? [다]

    가. 콜렉터-베이스 접합과 에미터-베이스 접합이 모두 순방향 바이어스상태

    나. 콜렉터-베이스 접합과 에미터-베이스 접합이 모두 역방향 바이어스상태

    다. 콜렉터-베이스 접합은 역바이어스, 에미터-베이스 접합은 순방향 바이어스 상태

    라. 콜렉터-베이스 접합은 순바이어스, 에미터-베이스 접합은 역방향 바이어스 상태

▶ 해설 ◀

동작 상태	EB 접합	CB 접합	용도
포 화	순바이어스	순바이어스	펄스, 스위칭
활 성	순바이어스	역바이어스	증폭기
차 단	역바이어스	역바이어스	펄스, 스위칭
역활성	역바이어스	순바이어스	사용 안함.

[문제 23] 다음 회로 중 입력 임피던스를 가장 크게 하는 회로는? [다]

    가. 베이스 접지회로

    나. 에미터 저항을 사용하지 않은 에미터 접지회로

    다. 콜렉터 접지회로

    라. 에미터 콘덴서를 사용한 접지회로

▶ 해설 ◀ 각 접지방식에 대한 특성 비교

구분	CE	CC	CB
Ri	중간	크다	작다
Ai	크다	크다	작다(항상 1)
Av	크다	작다(항상 1)	크다
Ro	중간	작다	크다

라. 전계효과 트랜지스터(FET)

① 입력저항이 매우 큰 전압제어소자이다.

② 다수 반송자를 제어하는 트랜지스터이다.

(1) FET의 분류

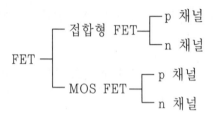

마. FET의 구조

(1) 접합형 FET[J-FET]

n-채널의 예를 들면 n형 반도체의 측면에 p형 반도체를 접합하고 각각 단자를 내어 n형 반도체로부터 나온 2개의 단자를 한쪽은 소스, 다른 한쪽은 드레인이라 하고 측면에 있는 p형으로부터 나온 단자를 게이트라 한다.

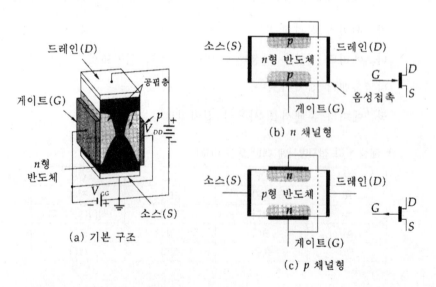

그림 2.31 J-FET의 구조와 기호

(2) MOS FET

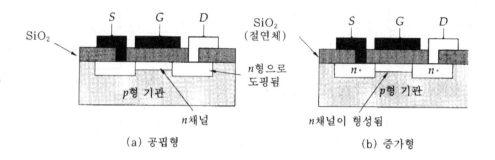

그림 2.32 MOS FET의 구조

p형 반도체의 기판에 2개의 n형 반도체를 만들고 n형 반도체의 표면에 알루미늄으로 된 소오스 및 드레인 단자를 부착시키며, n형 반도체 사이의 p형 반도체 위에 SiO₂(절연체)의 얇은 막을 형성시키고 게이트 단자를 부착한 것으로, 채널은 기판의 소수 캐리어에 의해 형성된다.

바. FET의 동작

(1) J-FET

① D-S간에 순방향 전압 V_{DS}를 공급하면 드레인 전류 I_D가 흐른다.

② G-S간에 역방향 전압 V_{GS}를 공급하면 채널의 내부로 공간전하영역이 확대된다.

③ V_{GS}의 크기에 따라 채널의 폭이 변하고 D-S간의 도전율이 변하게 되어 I_D가 제어된다.

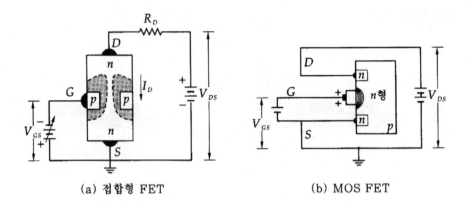

(a) 접합형 FET　　　　　(b) MOS FET

그림 2.33 FET의 동작원리

(2) MOSFET

① G-S간에 순방향 전압 V_{GS}을 공급하면 D와 S사이에 채널이 형성된다.

② D-S간에 역방향 전압 V_{DS}을 공급하면 드레인 전류 I_D가 흐른다.

③ V_{GS}을 증가시키면 채널의 폭이 두꺼워져 I_D가 증가한다.

2.4 특수소자

가. 전력 스위치용 소자

[1] SCR(Silicon Controlled Rectifier; 실리콘 제어 정류기)

3단자 pnpn 스위치(thyristor)로 게이트에 전류를 흘러 브레이크오버 전압
(breakover voltage)을 제어할 수 있다. 즉, 단방향 소자로서 전류를 제어할
수 있다.

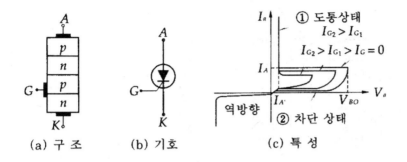

그림 2.34 SCR

[문제 24] 다음 SCR의 Transistor 등가회로 중 옳은 것은? [가]

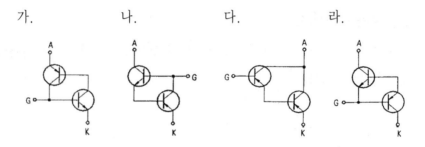

가.   나.   다.   라.

[문제 25] SCR이 양극전류가 20[A]일 때 게이트 전류 Ig를 반으로 줄이면,
양극전류는 얼마로 되는가? (단, 어느 경우나 도전상태라고 한다.)
[다]

가. 0[A]   나. 10[A]

다. 20[A]   라. 40[A]

▶ **해설** ◂ SCR은 일단 도통 상태가 되면 게이트는 제어능력을 상실한다.

[2] SSS(Silicon Symmetrical Switch; 실리콘 대칭 스위치)

쌍방향성 2단자 사이리스터(thyristor)로 SCR보다 과전압에 강하고 교류의
제어가 가능하다.

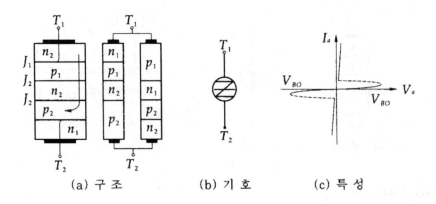

(a) 구 조   (b) 기 호   (c) 특 성

그림 2.35 SSS

[3] 트라이액(triac)

양방향성 3단자 사이리스터로서 게이트에 정/부 어느 신호로 트리거를 해도 턴온시킬 수 있다.

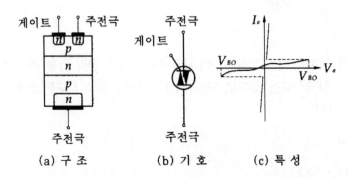

(a) 구 조   (b) 기 호   (c) 특 성

그림 2.36 트라이액

나. 트리거 소자

[1] UJT(Uni-Junction Transistor)

더블 베이스 다이오드(double base diode)로 사이리스터의 트리거 발진회로에 사용한다.

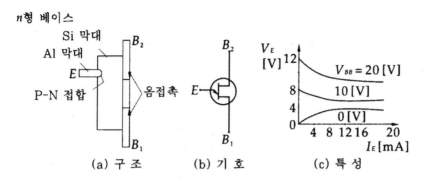

그림 2.37 UJT

[2] 다이액(DIAC)

npn 3층의 쌍방향성 다이오드로 반복주파수가 가변인 펄스를 만들 수 있어
사이리스터의 게이트 트리거회로에 사용한다.

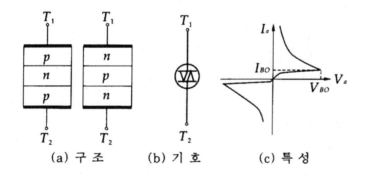

그림 2.38 DIAC

[3] SUS(Silicon Uniteral Switch)

소형 SCR과 정전압 다이오드를 접속한 단방향 소자로 트리거 소자로 사용된
다.

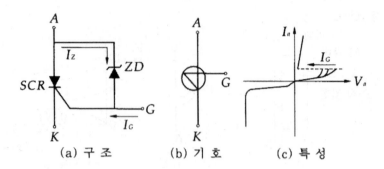

(a) 구 조   (b) 기 호   (c) 특 성

그림 2.39 SUS

[4] SBS(Silicon Bidirectional Switch)

SUS 2개를 역병렬로 접속한 것으로 양방향성 소자이며, 교류회로의 트리거 소자로 사용된다.

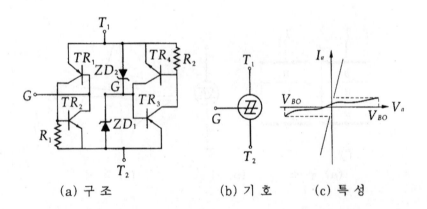

(a) 구 조   (b) 기 호   (c) 특 성

그림 2.40 SBS

다. 광전소자

[1] 광 트랜지스터

컬렉터 측의 pn 접합부에 빛을 조사하여 컬렉터 전류를 제어하는 트랜지스터이다.

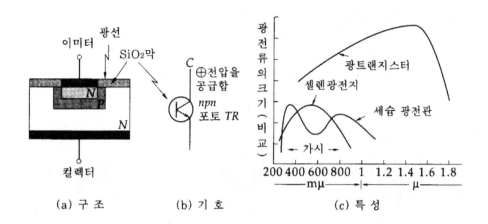

그림 2.41 광 트랜지스터

[2] 태양전지

pn 접합부에 빛을 조사하면 전자와 정공이 생긴다. 이 접합부에서는 n형의
전위가 높고 p형의 전위는 낮으므로, 전자는 n측에 들어가고 정공은 p측에
들어가서 외부회로를 접속하면 p형이 (+), n형이 (−)의 기전력에 의한 전류
가 흐른다.

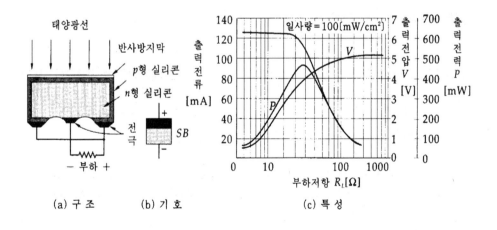

그림 2.42 태양전지

[3] CdS 광도전체

CdS의 표면에 빛을 비추면 가전자대의 전자가 빛 에너지를 받아 전도대로 올라감으로서 자유전자가 증가하여 도전율이 향상된다.

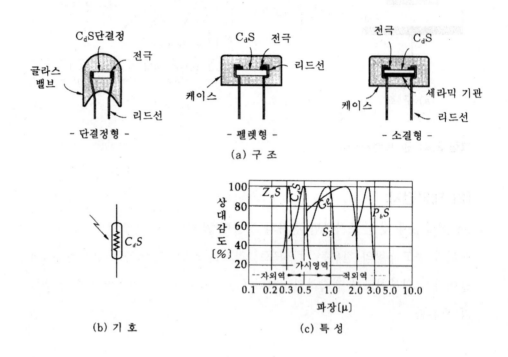

(a) 구 조

(b) 기 호

(c) 특 성

그림 2.43 CdS 광도전체

[문제 26] 광 다이오드 및 광 트랜지스터는 어떤 효과를 이용한 것인가? [나]

    가. 광도전 효과　　　　　　　　나. 광기전 효과

    다. 광전자 방출효과　　　　　　라. 루미네센스

> ▶해설◀ 광 다이오드 및 광 트랜지스터는 감도가 우수한 광전소자이다. 이들은 베이스 단자가 없는 pnp 또는 npn 트랜지스터로 전류 바이어스 대신 빛에 의한 광전류가 흐른다.

라. 발광소자

[1] 고유 전계 발광소자

ZnS와 같은 반도체 분말을 플라스틱이나 글라스 등의 유전체에 넣고 여기에
전계를 가하면 전계로 가속된 전자나 정공이 발광 중심(재결합 중심)과 충돌
하여 이것을 여기시켜 놓으므로 이때 생긴 여기된 전자가 곧 기저상태로 돌아
가며 발광한다.

[2] 발광 다이오드(LED; light emission diode)

GaAs, GaP와 같은 반도체의 pn 접합에 순방향 바이어스를 가하여 소수 캐리
어를 주입하면 직접천이(GaAs), 또는 불순물을 통한 천이(GaP)에 의해 전자
와 정공이 재결합하면서 발광한다.

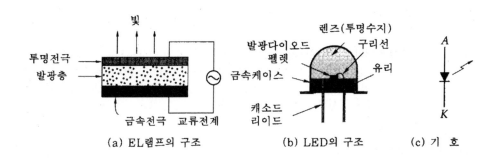

그림 2.44 발광 다이오드

마. 특수 저항소자

[1] 서미스터(thermistor)

온도에 의해서 전기저항이 변하는 반도체 소자로서 온도 상승과 더불어 저항
이 감소하는 부성 소자와 저항이 증가하는 증폭성 소자가 있다. 열 민감성 소
자로 온도의 검출 및 조절, 온도보상, RC 발진기의 자동진폭조정, 화재탐지,
열량계, 온도보상회로, 전력 표시기 등에 이용된다.

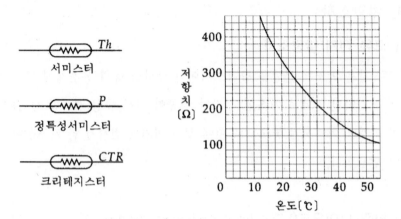

그림 2.45 서미스터

[문제 27] 다음중 부성저항소자가 아닌 것은? [가]

가. 써미스터   나. SCR

다. UJT   라. 터널 다이오드

► **해설** ◄ 더미스터는 온도에 의하여 전기저항이 급하게 변하는 반도체 소자로서 온도
상승과 더불어 저항이 감소되는 부성소자와 저항이 증가하는 정특성 소자가
있다. 일반적으로 더미스터는 온도가 상승하면 저항이 감소하는 (−) 온도계
수를 가지므로 캐리어가 증가한다.

[2] 바리스터(varistor)

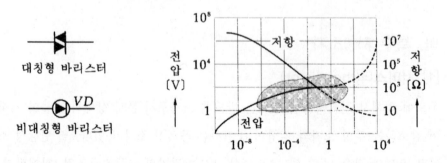

그림 2.46 바리스터

2. 반도체 이론 ◀ 89

Surge 전압에 대한 회로보호용으로 전압 가변 저항소자로서, 전압 민감성 소자로 통신선로의 피뢰침, 전자기기의 충격전압의 흡수, 소자의 과전압 보호 등에 이용된다.

가해진 전압에 따라 저항값이 비직선적으로 변화하는 반도체 소자로, 전압·전류 특성은 $I=KV^N$의 관계가 성립된다.

[문제 28] 바리스터(Varistor)에 관한 설명은 어느 것인가? [라]

　　가. 반도체의 저항율이 온도에 따라 변화하는 성질을 이용한 것이다.

　　나. 3개 이상의 PN 접합으로 구성된다.

　　다. 특정 온도에서 저항이 갑자기 변하는 것을 이용한 소자이다.

　　라. 낮은 전압에서 큰 저항율을, 높은 전압에서 작은 저항을 나타낸다.

　▶ **해설** ◀ 바리스터는 가해진 전압에 따라 저항값이 비직선적으로 변화하는 소자로서, 낮은 전압에서는 저항이 작지만 높은 전압에서는 저항이 커지게 된다.

2.5 IC

가. IC 분류

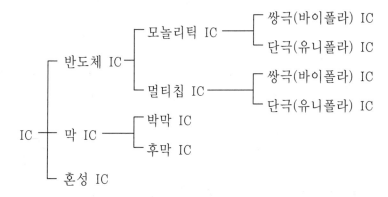

[1] 반도체 IC

(1) 모놀리틱(monolitic) IC

1개의 기판 위에 회로의 모든 부품을 만들어 하나의 기능을 갖도록 만들어진 IC

(2) 멀티칩(multichip) IC

각 부품을 반도체로 제작한 후 각 부품을 절연 기판에 붙이고 배선으로 연결한 IC

(3) 쌍극(bipolar) IC

pnp나 npn 형의 접합형 트랜지스터를 중심으로 이루어진 IC

(4) 단극(unipolar) IC

MOS-FET를 중심으로 이루어진 IC

[2] 막 IC

(1) 박막 IC

기판 상에 구성된 회로소자 및 상호 연결이 진공증착, 스퍼터링 등의 수단으로 만들어진 IC

(2) 후막 IC

기판 상에 수동소자와 상호 접속용 배선이 스크린 인쇄와 소성 수단으로 만들어진 IC

[3] 혼성 IC

반도체 IC의 초소형화와 박막 IC의 양산성 등 양자의 장점을 취하여 조합한 IC

나. 반도체 IC 분류

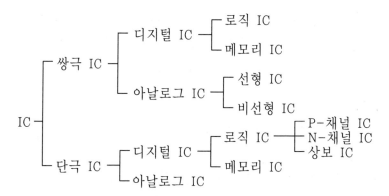

[1] IC의 특징

1. 면적이 적다
2. 작고 복잡하게 만들어지므로 경제적이다.
3. 신뢰성이 대단히 높다.
4. RC는 집적화가 가능하나 L은 불가능하다.

[2] 아날로그 IC

(1) 선형 IC : 입력과 출력과의 관계특성이 직선적인 IC
(2) 비선형 IC : 입력과 출력과의 관계특성이 비직선적인 IC

[3] 디지털 IC

(1) 로직 IC : NAND, NOR 게이트 등으로 구성된 IC
(2) 메모리 IC : 각종 플립플롭 등으로 구성된 IC

[문제 29] IC에 관한 설명으로 적합하지 않은 것은? [나]

　　가. IC는 기능적으로 Linear IC와 Digital IC로 분류한다.
　　나. Monolitic IC는 회로소자로서 저항과 코일로 구성된다.
　　다. 연산증폭용 IC는 차동 증폭, 에미터 폴로워 등을 기본회로로 한다.
　　라. IC는 TR, Diode 및 저항을 조합한 회로를 구성하여 소형의 고신
　　　　뢰도를 얻는다.

[문제 30] 다음 중 집적 회로소자의 특성으로 옳지 않은 것은? [라]

    가. 소자의 파라미터가 서로 정합을 이루고 온도 특성이 개선된다.

    나. 한정된 범위의 저항과 캐패시터를 만들 수 있다.

    다. 저항과 캐패시터 값의 허용오차 범위가 크다.

    라. 부품의 온도계수가 크다.

    ▶ 해설◀ 온도계수가 작아 고온에도 견딜 수 있다.

[문제 31] MOS IC 회로의 특징으로 틀리는 것은? [라]

    가. 고입력 임피던스이다.

    나. 부하저항의 클록 제어가 가능하다.

    다. 게이트의 기억이 가능하고 회로형식이 간단해진다.

    라. 전류 제어가 가능하며 고속화할 수 있다.

다. IC의 제조

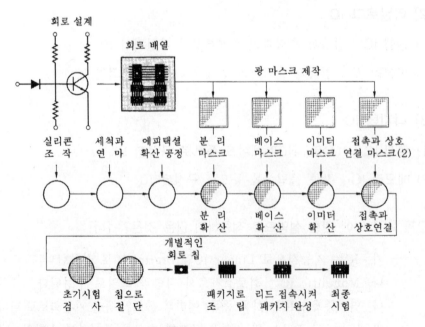

그림 2.47 모노리틱 IC의 제조공정

[1] 바이폴라 IC의 제조

① p형 기판에 에피택셜 성장으로 n형 층을 만든다.

② n형 에피택셜 층의 표면에 산화막(SiO_2)을 입힌다.

③ 포토 에칭에 의하여 SiO_2 층을 제거하고, p형 불순물을 확산시켜 n형 에피택셜 층을 분리시킨다.

④ 다시 산화된 SiO_2 층을 포토 에칭에 의하여 원하는 부분을 제거하고, p형 불순물을 확산시켜 베이스 층을 만든다.

⑤ 동일한 방법으로 n형 불순물을 확산시켜 에미터 층을 만든다.

⑥ 스퍼터링에 의하여 Al 증착막을 형성시킨 후, 불필요한 부분을 포토 에칭에 의하여 제거하면 IC가 완성된다.

[2] MOS-IC의 제조

① 연마한 n형 Si 웨이퍼를 준비한다.

② n형 Si 웨이퍼의 표면을 산화시켜 1.5μ 정도의 산화 피막을 만든다.

③ 소스와 드레인이 되는 곳을 포토 에칭에 의해서 제거하고 그곳에 p형 불순물을 확산하여 소스와 드레인의 영역을 만든다.

④ 소스와 드레인 사이에서 게이트로 되는 곳의 산화막을 제거하고 새로 얇은 산화막(1,000~1,500Å)을 입힌다.

⑤ 산화막 표면에 P_2O_2를 부착시킨다.(비활성화 공정)

⑥ 웨이퍼 위에 Al을 증착하고 배선외의 Al을 에칭으로 제거하면 IC가 만들어진다.

⑦ 이것을 잘라서 칩으로 분리하고 좋은 것만을 골라서 패키징한다.

[문제 32] 포토에칭 기술이란? [나]

    가. SiO_2막을 완전히 제거하는 것

    나. SiO_2막 일부를 제거하는 것

    다. 웨이퍼 표면을 산화시키는 것

    라. 시료 절단 부분을 연마하는 것

[문제 33] 집적회로를 제작하기까지의 중요한 단계로 그 제작순서가 옳은 것은? [가]

    가. 표면 처리 – Epitaxial – 반도체 층의 확산

    나. 표면 처리 – 금속화 및 연결 – Epitaxiai – 반도체의 확산

    다. 금속화 및 연결 – 반도체 층의 확산 – Epitaxial – 표면 처리

    라. 금속화 및 연결 – EpitaxiaI – 반도체 층의 확산 – 표면 처리

[문제 34] 집적회로에서 고주파 특성을 제한하는 요인은? [다]

    가. 저항   나. 다이오드

    다. 기생 캐패시턴스   라. 실리콘

[문제 35] 다음 논리 게이트 중 스위칭 속도가 제일 빠른 것은? [라]

    가. TTL   나. CMOS

    다. ECL   라. Schottky TTL

    ▶ **해설** ◀ 속도 : Schottky TTL 〉 ECL 〉 HCMOS 〉 TTL 〉 DTL 〉 CMOS

[문제 36] 다음 게이트 중 팬 아웃(Fan out)이 가장 큰 것은? [라]

    가. DTL gate   나. Diode logic gate

    다. RTL gate   라. TTL gate

    ▶ **해설** ◀ 팬 아웃

        ① RTL : 5 ② DTL : 8 ③ TTL: 10 ④ CMOS 〈 50

라. IC의 설계시 유의사항

① 속도

② 크기

③ 팬 아웃

④ 잡음

【문제 37】 디지탈 IC의 설계시 유의하여야 할 사항이 아닌 것은? [라]

　　가. 스위칭 시간　　　　　　나. 잡음 여유

　　다. 팬 아웃　　　　　　　　라. 내부 발진 주파수

【문제 38】 다음 그림의 회로에서 궤환비(β)는 얼마인가? [라]

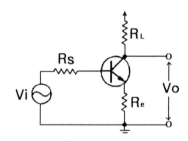

　　가. $-R_L$　　　　　　　　　나. $-(R_e + R_L)$

　　다. $-(R_e \mathbin{/\!/} R_L)$　　　　　라. $-R_e$

3. 전원회로

semiconductor

semiconductor
semiconductor
semiconductor
semiconductor

3.1 정류회로

다이오드나 트랜지스터, FET 등과 같은 능동소자로 구성되는 전자회로에는 2개의 전원, 즉 직류와 교류 전원이 필요하다. 직류전원은 회로의 바이어스용으로 사용되고, 교류전원은 능동소자의 신호원으로 이용한다. 따라서 직류전원으로 사용하기 위하여 교류를 직류로 변환하는 회로가 필요한데 이를 정류회로라 한다.

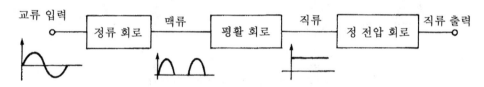

그림 3.1 전원회로의 구성도

가. 정류회로

다이오드는 한쪽 방향으로 전류를 흐르게 하고 반대 방향으로는 전류를 차단하는 기능이 있기 때문에 교류전압을 직류전압으로 변환하는 정류기 역할을 한다.

(1) 단상 반파정류회로

(2) 단상 전파정류회로

(3) 브리지 정류회로

(4) 배전압 정류회로

　　[반파 배전압 정류회로]

　　[전파 배전압 정류회로]

나. 반파 정류기

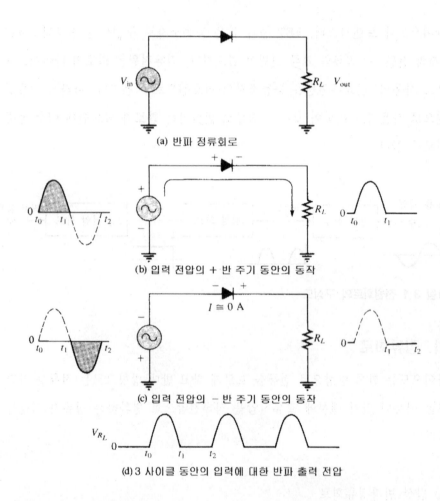

(a) 반파 정류회로

(b) 입력 전압의 + 반 주기 동안의 동작

(c) 입력 전압의 − 반 주기 동안의 동작

(d) 3 사이클 동안의 입력에 대한 반파 출력 전압

그림 3.2 반파 정류기의 동작

반파 정류의 평균값은 반 주기내의 면적을 계산하여 주기로 나누면 된다.

$$V_{AVG} = \frac{V_P}{\pi} \tag{3.1}$$

다. 변압기를 사용한 반파 정류기

변압기는 전원으로부터 정류회로의 교류 입력전압을 결합시켜 주기 위해 사용된다. 변압기의 결합은 두 가지 장점이 있다. 첫째, 전원전압을 필요한 만큼 올리거나 낮출 수 있다. 둘째, 교류전원을 정류회로로부터 전기적으로 분리시킬 수 있으므로 충격에 의한 손상을 방지할 수 있다. 기본 교류회로에서 변압기의 2차 전압은 다음과 같이 나타낼 수 있다.

$$V_2 = \left(\frac{N_2}{N_1} \right) V_1 \tag{3.2}$$

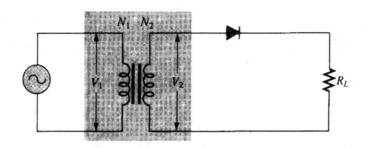

그림 3.3 변압기를 사용한 반파 정류기

라. 전파정류회로

입력의 전 주기 동안 부하에 한 방향으로 전류가 흐르게 한다.

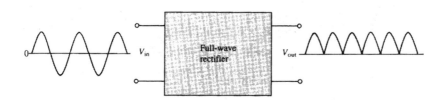

그림 3.4 전파정류 작용

[1] 중간탭 전파 정류기

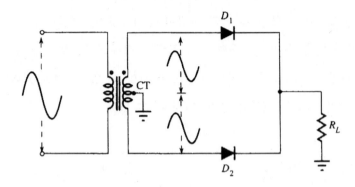

그림 3.5 중간탭 전파 정류기

변압기의 2차측에 2개의 다이오드를 연결하여 사용한다. D_1은 순방향으로, D_2는 역방향으로 바이어스 된다. 그러므로 전류는 다음 그림과 같이 동작한다.

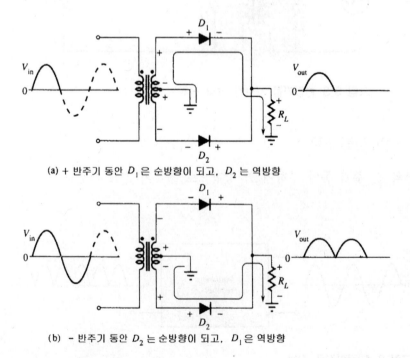

(a) + 반주기 동안 D_1은 순방향이 되고, D_2는 역방향

(b) - 반주기 동안 D_2는 순방향이 되고, D_1은 역방향

그림 3.6 중간탭 정류기의 동작

[2] 출력전압에서 권선비의 영향

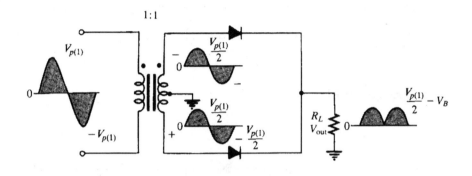

그림 3.7 변압기의 권선비가 1인 중간탭 전파정류기

중간 탭 전파 정류기의 출력 정류기의 출력전압은 권선비가 1인 경우 전체 2
차 전압의 1/2이고, 다이오드의 전압강하 V_B를 고려하면 다음과 같다.

$$V_{OUT} = \frac{V_2}{2} - V_B \tag{3.3}$$

[3] 전파 브릿지 정류기

전파 브릿지 정류기는 4개의 다이오드를 사용한다.

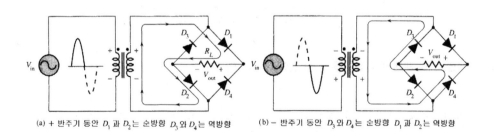

(a) + 반주기 동안 D_1 과 D_2는 순방향 D_3와 D_4는 역방향   (b) − 반주기 동안 D_3와 D_4는 순방향 D_1과 D_2는 역방향

그림 3.8 전파 브릿지 정류기의 동작

마. 정류용 필터

전원 필터의 사용 목적은 반파 또는 전파 정류기의 출력전압에 리플을 감소시켜 거의 일정한 레벨의 직류전압을 만드는 것이다. 대부분의 전원은 60Hz의 교류전압을 충분히 안정된 직류전원으로 변환하여 사용한다.

[1] 캐패시터 필터

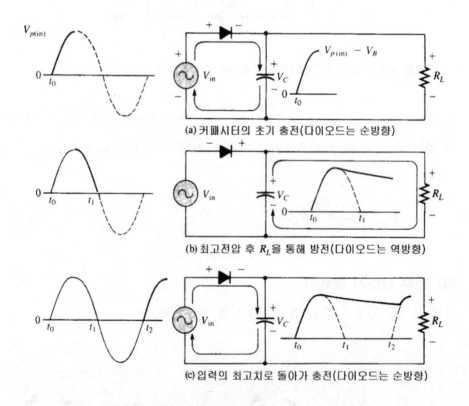

그림 3.9 캐패시터 필터를 가진 반파 정류기의 동작

커패시터를 가진 반파 정류기로 첫 1/4 주기 동안 다이오드는 순방향이고 이때 커패시터가 충전이 되며, 이후 다이오드는 역방향이 되고, 충전된 커패시터에서 방전이 시작되며 방전시간은 시정수에 의해 결정된다. 커패시터는 이러한 충전과 반전을 반복하게 된다.

바. 리플 전압

충전과 방전으로 인한 출력전압의 변동을 리플(ripple)이라 한다. 리플이 적을수록 필터작용이 더 효율적이다.

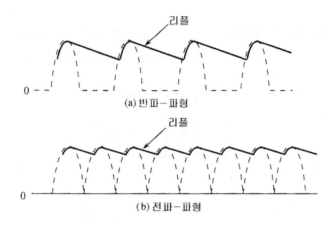

그림 3.10 같은 필터와 주파수 입력의 반파와 전파신호에 대한 리플전압의 파형〉

사. 맥동률

필터의 효율을 나타내며 다음과 같이 정의한다.

$$r = \frac{V_r}{V_{dc}} \qquad (3.4)$$

여기서 V_r은 리플전압의 실효값이며, V_{dc}는 필터의 직류 출력전압의 직류 (평균)값이다. 맥동률은 필터의 커패시터 값을 크게 하면 적어진다.

[문제 1] 직류 출력전압이 무부하일 때 250[V], 전부하일 때 225[V]이면 이 정류기의 전압 변동률은 몇 [%]인가? [나]

　가. 10.0　　　　　　　　　　　나. 11.1

　다. 15.1　　　　　　　　　　　라. 22.2

　▶해설◀ 정류기의 전압 변동률

$$\Delta V = \frac{V_N - V_F}{V_F} \times 100[\%] = \frac{250 - 225}{225} \times 100[\%] = 11.1[\%]$$

[문제 2] 그림의 반파정류회로에서 다이오드 순방향 R_f = 20[Ω], R_L=1[KΩ], V_i=100[Vrms]이다. 최대 역전압은 얼마인가? [나]

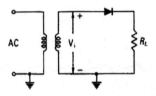

　가. 100[V]　　　　　　　　　　나. 141[V]

　다. 200[V]　　　　　　　　　　라. 50[V]

[문제 3] 그림의 단상 반파정류회로에서 직류전압 평균치 Edo와 직류전류 평균치 Ido는 얼마인가? (단, $e = \sqrt{2} \cdot 100 \sin 50 \times 2\pi t$[V], R=10[Ω], 정류소자의 전압강하는 무시) [다]

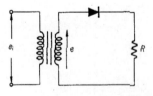

　가. Edo=25[V], Ido=2.5[A]　　　나. Edo=35[V], Ido=3.5[A]

　다. Edo=45[V], Ido=4.5[A]　　　라. Edo=55[V], Ido=5.5[A]

　▶해설◀ 반파정류기의 전압 평균치

$$Edo = \frac{V_m}{\pi} = \frac{100\sqrt{2}}{\pi} = 45[V]$$

아. 전파 정류기

[문제 4] 다음과 같은 정류회로에서 C_1, C_2 양단의 최대전압과 D_1과 D_2의 최대 역전압을 구하면? (단, 입력전압의 최대치는 V_m이다) [가]

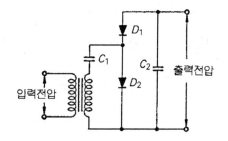

가. V_m, $2V_m$, $2V_m$, $2V_m$　　　　나. $2V_m$, V_m, V_m, $2V_m$

다. V_m, V_m, $2V_m$, $2V_m$　　　　라. $2V_m$, V_m, V_m, V_m

[문제 5] 그림과 같은 브리지형 정류회로에서 직류 출력전압이 10[V], 부하가 5[Ω]이라고 하면 각 정류소자에 흐르는 첨두 전류값은 얼마인가? [나]

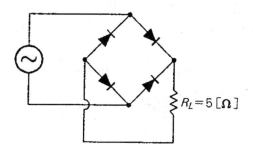

가. 6.28[A]　　　　나. 3.14[A]

다. 2/3.14[A]　　　　라. 3.14/2[A]

► 해설 ◄ 전파정류기의 전압 평균치

$$\frac{2V_m}{\pi} = 10[V], \quad I_m = \frac{V_m}{R} = \frac{5\pi}{5} = \pi\,[A]$$

[문제 6] 다음의 회로에서 입력전압 $v_i = 100 \sin wt$[V]일 때 출력전압 V_0는? [다]

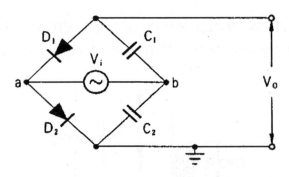

가. 100[V]   나. 141[V]

다. 200[V]   라. 282[V]

► **해설** ◄ 전파 배전압 정류회로이다. 처음 반주기 동안 D_1이 동작하여 콘덴서 C_1에 전원전압의 최대값 V_m이 충전되고 이때 부하저항 $R_L \to \infty$라고 하면 계속 V_m을 유지한다. 다음 반주기 동안 D_2를 거쳐 C_2도 V_m까지 충전하여 출력 $V_0 = 2V_m$이 된다.

[문제 7] 그림과 같은 반파정류회로에 스위치 S를 사용하여 부하저항을 절단한 경우 콘덴서 C에 충전된 AB간의 전압은 얼마인가? (단, 다이오드는 이상적이다) [다]

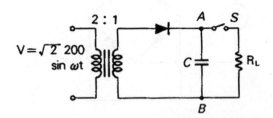

가. $100/\sqrt{2}$[V]   나. $100 \times \pi$[V]

다. $100 \times \sqrt{2}$[V]   라. $100 \times 2\pi$[V]

【문제 8】 전파정류회로에서 정류효율 η 는 다음 중 어느 것인가? (다이오드 저
항은 부하 R_L에 비해 극히 작다고 한다.) [다]

가. 41.5[%]   나. 67.3[%]

다. 78.5[%]   라. 81.2[%]

▶ **해설** ◀ 전파 정류기의 정류 효율 $\eta = \dfrac{81.2}{1 + \dfrac{R_f}{R_L}}$

【문제 9】 다음 회로의 용도는? [가]

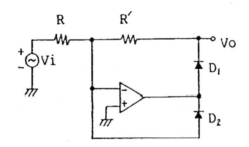

가. 반파 정류기   나. 전파 정류기

다. log 증폭기   라. anti-log 증폭기

4. 증폭회로

semiconductor

semiconductor
semiconductor
semiconductor
semiconductor

4.1 신호증폭회로

가. CE 접지형 증폭회로

에미터 바이어스 회로 또는 자기 바이어스(Self-bias) 회로라 한다.

(1) 기본 동작

만일 I_C가 증가한다면(I_{CO}의 온도 변화 등으로) R_E의 전류가 증가하여 R_E의 전압 강하가 증가되어 V_{BE}가 감소한다. 따라서 I_B가 감소하므로 I_C도 감소하게 되어 안정화된다.

(2) 회로의 안정성을 높이기 위한 방법

① R_E를 크게 한다.
② $R_b(=R_1//R_2)$를 작게 택한다.

그러나 R_E의 증대는 전력증폭의 감소를 초래하여 안정성과 상반되므로 적당히 절충해야 한다.

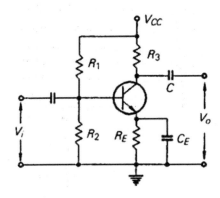

그림 4.1 에미터 접지 증폭회로

● 특징

1. 전압 증폭율이 크다.
2. 전류 증폭율이 크다.
3. 입력 저항이 중간이다.
4. 출력 저항이 중간이다.
5. 전력 증폭율이 크다.

[문제 1] 에미터 저항을 가진 CE 증폭기의 특징을 설명한 다음 것 중 틀린 것은? [라]

가. 전류 이득의 변화가 거의 없다

나. 입력 저항이 증대된다.

다. 출력 저항도 증대된다.

라. 전압 이득이 크게 된다.

[문제 2] 다음은 에미터 접지 트랜지스터의 출력 특성곡선이다. 곡선을 이용하여 전류 이득값을 대략 구한 것 중 맞는 것은? [나]

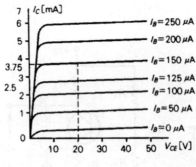

가. 30

나. 50

다. 70

라. 90

▶ 해설 ◀ $h_{ie} = dI_C / dI_B$

【문제 3】 에미터 접지회로에서 트랜지스터의 hfe=50, hie=1[KΩ]이고 부하저항 R_L=1[KΩ] 이면 전압 증폭도는 얼마인가? (단, hoe ≪ R_L) [다]

가. −5

나. −25

다. −50

라. −100

▶ 해설 ◀ $A_v \fallingdotseq - \dfrac{h_{fe}R_L}{h_{ie}}$

【문제 4】 CE TR 증폭기에서 출력단락 전류이득이 1이 되는 주파수 f_T가 80[MHz] 인 트랜지스터를 사용하여 충분히 낮은 저주파의 전류이득(hfe) 이 40이라면 β 차단 주파수 f_β는 얼마인가? [다]

가. 8[MHz]

나. 6[MHz]

다. 2[MHz]

라. 1[MHz]

▶ 해설 ◀ $f_T \fallingdotseq h_{fe}f_\beta$ 이므로 $f_\beta = \dfrac{f_T}{h_{fe}} = \dfrac{80}{40} = 2[MHz]$

【문제 5】 α 차단 주파수가 100[kHz]인 트랜지스터를 에미터 공통접지로 사용할 때의 β 차단 주파수는 얼마인가? (단, α 는 0.98이다) [나]

가. 10[kHz]

나. 20[kHz]

다. 30[kHz]

라. 40[kHz]

▶ 해설 ◀
$f_\beta = (1-\alpha)f_\alpha = (1-0.98) \times 1000[kHz] = 0.02 \times 100 0[kHz] = 20[kHz]$

【문제 6】 에미터 저항을 가진 C_E 증폭기에서 에미터 저항 R_E의 중요한 역할은 무엇인가? [가]

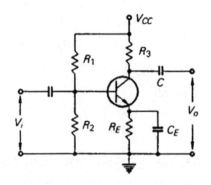

가. S(안정계수)를 감소시켜 동작점이 안정된다.

나. 주파수 대역을 증가시킨다.

다. 바이어스 전압을 감소시킨다.

라. 증폭 회로의 출력을 증가시킨다.

【문제 7】 다음 회로에서 R_E의 값과 관계가 없는 사항은? [라]

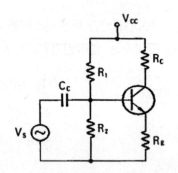

가. R_E가 크면 클수록 입력 임피던스가 커진다.

나. R_E가 크면 클수록 안정계수 S는 적어진다.

다. R_E가 크면 클수록 증폭된 콜렉터 전류는 적어진다.

라. R_E가 크면 클수록 전압 증폭도는 커진다.

[문제 8] CE 증폭기 $h_{fe}=-45$, $h_{oe}=20[\mu A/V]$, $R_L=15[K\Omega]$, $h_{ie}=1[K\Omega]$일 때 전류이득 A_i는 ? [다]

　가. -44.6　　　　나. -29.32　　　다. -34.6　　　　라. -52.3

　▶ 해설 ◀ 전류이득

$$A_i = \frac{-h_{fe}}{1 + h_{oe}R_L}$$

[문제 9] 그림과 같은 에미터 바이어스 회로에서 어떤 때가 가장 안정된 회로인가? [가]

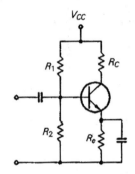

　가. $R_b/R_e \to 0$ 일 때　　　　나. $R_b/R_e \to \infty$ 일 때

　다. $R_e \to 0$ 일 때　　　　　　라. $R_b \to \infty$ 일 때

[문제 10] 그림과 같은 회로에서 $h_{fe}=49$, $h_{ie}=1[K\Omega]$일 때 입력 임피던스 Z_i를 구하시오. [나]

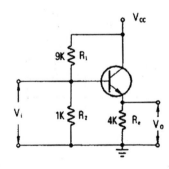

　가. 196[kΩ]　　나. 201[kΩ]　　다. 214[kΩ]　　라. 300[kΩ]

　▶ 해설 ◀ $Z_i = h_{ie} + (1+h_{fe})R_e$

[문제 11] 다음 증폭기에서 트랜지스터의 정수 h_{ie}=2[KΩ], h_{fe}=50이고 에미
터 저항 R_e=300[Ω]일 때 이 증폭기의 전압이득을 40[dB] 만큼 얻
으려면 부하저항 R_L은 얼마로 하면 좋은가? (단, $(1+h_{fe})R_e \gg h_{ie}$이
다.) [나]

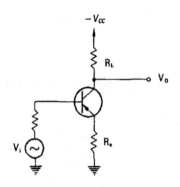

가. 1[KΩ]   나. 30[KΩ]

다. 50[KΩ]   라. 150[KΩ]

▶ 해설 ◀ 전압이득

$$A_i \simeq \frac{R_L}{R_e} = \frac{R_L}{300} = 100$$

[문제 12] 그림과 같은 회로에서 입력 단에서 본 저항 R_i은? (단, R_C=5[KΩ],
R_e=2[KΩ], R_S=3[KΩ], h_{ie}=1[KΩ], h_{fe}=50, h_{re}=0 이다.) [나]

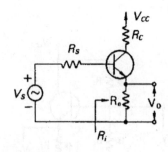

가. 약 1[KΩ]   나. 약 100[KΩ]

다. 약 200[KΩ]   라. 약 250[KΩ]

▶ 해설 ◀ 입력저항

$$R_i \simeq h_{fe}R_e = 50 \times 2\,\mathrm{k} = 100\mathrm{k}$$

[문제 13] 에미터 접지형 증폭기에서 베이스 접지 때의 전류 증폭율 α 가 0.9, I_{CO}가 0.05[mA]이고, I_B는 0.5[mA]일 때 콜렉터 전류 I_C는? [나]

가. 4.6[mA] 나. 5.0[mA]

다. 5.5[mA] 라. 4.0[mA]

▶ 해설 ◀ $\beta = \dfrac{\alpha}{1-\alpha} = \dfrac{0.9}{1-0.9} = 9$

$\quad I_C = \beta I_B + (1+\beta)I_{CO}$
$\quad\quad = 9 \times 0.5[mA] + (1+9) \times 0.05[mA]$
$\quad\quad = 5[mA]$

나. CB 접지형 증폭회로

[문제 14] 트랜지스터의 활성영역에서 베이스 접지시 전류증폭율 α 가 0.98, 역포화 전류 I_{CO}가 100[μA], 베이스전류가 I_B=10[mA]일 때, 콜렉터 전류 I_C는 얼마인가? [가]

가. 495[mA] 나. 49.5[mA]

다. 4.9[μA] 라. 0.5[μA]

▶ 해설 ◀ $I_C = hfe \cdot I_B$

[문제 15] 전류이득은 약 1이고, 전압이득은 대단히 높으며, 출력 임피던스가 대단히 높은 증폭기는 다음 중 어느 것인가? [다]

가. 에미터 접지 증폭기 나. 콜렉터 접지 증폭기

다. 베이스 접지 증폭기 라. 모든 트랜지스터 증폭기

다. 에미터 플로워의 특징

① 콜렉터 접지의 증폭회로이다.

② 에미터 플로워는 신호원에 대한 부하를 R_e로부터 $R_i(\gg R_e)$로 변환시키

는 역활을 한다.

③ 부하에 공급되는 출력전류가 증대되므로 전력증폭기로 사용한다.

④ 전압이득 $A_v = 1$이다.

⑤ R_i는 매우 크고, R_0는 매우 작다.

⑥ 콜렉터 저항 R_c의 역할 : 출력 단자가 접지되어 R_e가 단락되든지 또는 입력전압이 걸릴 때 트랜지스터가 손상되는 것을 방지하기 위해서 사용한다.

⑦ 용도: 고 임피던스 전원과 저 임피던스 부하 사이의 완충단으로 사용

【문제 16】 다음 중 에미터 플로워의 특징이 아닌 것은? [가]

　가. 입·출력 임피던스가 대단히 높다.

　나. 부하저항이 변화해도 전류, 전압, 전력 이득은 일정하게 유지된다.

　다. 전압이득이 1에 가깝다.

　라. 전류이득이 크다.

【문제 17】 에미터 플로워의 특징을 설명한 것 중 옳지 않은 것은? [나]

　가. 전압이득은 1에 가깝다.

　나. 전류이득은 1보다 작다.

　다. 전력 증폭기로 사용한다.

　라. 입력 임피던스가 크고 출력 임피던스는 작다.

[문제 18] 에미터 플로워회로에서 전류이득의 근사치는? (단, $h_{oe} \cdot R_e \lll 1$)
[라]

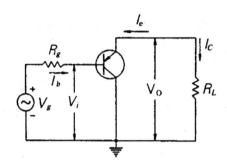

가. hfe_2

나. $hfe \times Re$

다. $1/hfe$

라. $1+hfe$

▶ 해설 ◀ 에미터 폴로워의 해석

특성 항목	기 능
전류이득	$A_i \simeq 1+h_{fe}$
전압이득	$A_o \simeq 1-(h_{ie}/R_i) \approx 1$
입력저항	$R_i = h_{ie}+(1+h_{fe})R_L$
출력저항	$R_o = (h_{ie}+R_s)/(1+h_{fe})$

[문제 19] 그림과 같은 증폭회로에서 입력 임피던스 R_{in}은 대략 몇 [KΩ]인가?
여기서, $R_e=2[KΩ]$, $R_s=1[KΩ]$, $h_{ie}=1[KΩ]$, $h_{fe}=50$이다. [가]

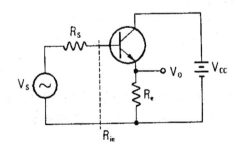

가. 100

나. 150

다. 200

라. 250

라. 달링톤(darlington) 회로

[문제 20] 트랜지스터를 다링톤 접속하였을 때 가장 두드러지게 나타나는 현상은? [나]

가. 역내 전압이 증가한다.　　　나. 전류 용량이 증가한다.

다. 역내 전압이 감소한다.　　　라. 전류 용량이 감소한다.

[문제 21] 다음 그림의 darlington 접속회로에서 부하에 흐르는 출력전류 I_o는? [다]

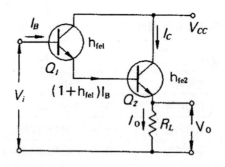

가. $hfe_1 \cdot I_B + hfe_2(1+hfe_1)I_B$　　　나. $hfe_1 \cdot hfe_2 I_B$

다. $(1+hfe_1)(1+hfe_2)I_B$　　　라. $hfe_2(1+hfe_1)I_B$

▶ **해설** ◀ 다링톤 접속회로

　(1) I_c 구하기 : $I_c = hfe_1 I_B + hfe_2(1+hfe_1)I_B$

　(2) I_o 구하기 : $I_o = I_c + I_B = (1+hfe_1)(1+hfe_2)I_B$

[문제 22] 그림과 같은 Darlington 회로에서 각 트랜지스터의 전류 증폭률 h_{FE}가 다 같이 50이면 회로 전체의 전류 증폭률은 대략 얼마인가? [라]

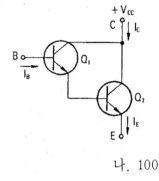

가. 50   나. 100

다. 250   라. 2500

▶해설◀ $A_i = A_{i1} \times A_{i2} = 50 \times 50 = 2,500$

마. 바이어스 회로

[문제 23] 다음 고정 바이어스 회로의 안정 계수($S = \dfrac{\partial I_c}{\partial I_{co}}$)는 대략 얼마나 되

는가? (단, $\beta = 50$, Vcc=-9[V], R$_L$=2[kΩ]) [가]

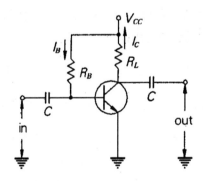

가. 51   나. 80

다. 90   라. 250

▶해설◀ 고정 바이어스 회로의 해석

(1) 베이스 전류: $I_B = \dfrac{V_{CC} - V_{BE}}{R_B} \approx \dfrac{V_{CC}}{R_B}$, $V_{BE} \rightarrow Ge : 0.3V$, $Si : 0.7V$

(2) 콜렉터 전류: $I_C = \beta I_B + (1+\beta) I_{CO}$

(3) 안정계수 : $S = 1 + \beta = 1 + 50 = 51$

[문제 24] 다음은 고정 바이어스 회로이다. 콜렉터 전류 I_C의 옳은 표현은? [나]

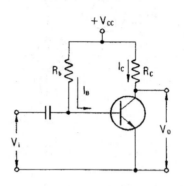

가. $I_C = \dfrac{a}{1-a} I_B$

나. $I_C = \beta I_B + (1+\beta) I_{CO}$

다. $I_C = \beta I_B$

라. $I_C = \beta I_B + (1-\beta) I_{CO}$

바. FET

[문제 25] FET 증폭기에 있어서 $|A_v| = 30$, $C_{gs} = 5[pF]$, $C_{gd} = 1[pF]$일 때의 등가 입력용량은? [나]

가. 6[pF]

나. 36[pF]

다. 151[pF]

라. 180[pF]

▶ 해설 ◀ $C_i = C_{gs} + (1 + |A_v|)C_{gd} = 5pF + (1+30)pF = 36pF$

[문제 26] N채널 JFET에서 핀치오프(pinch off)전압 $V_P=-4[V]$ 드레인-소오스 포화전류 $I_{DS}=12[mA]$이고 게이트-소오스 전압 $V_{GS}=0[V]$일 때 드레인 전류는 얼마인가? [다]

가. 0[mA]

나. 3[mA]

다. 12[mA]

라. 15[mA]

▶ 해설 ◀ N채널 JEFT의 드레인 전류

$$I_D = I_{DS}(1 - \frac{V_{GS}}{V_P})^2 = 12mA(1 - \frac{0}{-4})^2 = 12mA$$

사. 공통소스접지 증폭기

[문제 27] 다음 회로에서 R_L=100[Ω], R_1=160[kΩ], R_2=140[kΩ], V_{DD}=−30[V]
일 때 게이트 바이어스 전압 V_{GS}는?　[나]

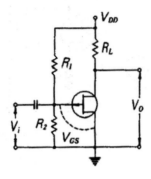

　가.　+30[V]　　　　　　나.　−14[V]

　다.　+14[V]　　　　　　라.　−30[V]

[문제 28] 그림과 같은 회로의 출력 임피던스는? (단, 드레인 저항은 r_d=10k
Ω, μ=50)　[다]

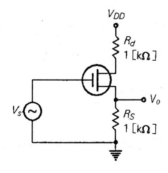

　가.　370[Ω]　　　　　나.　216[Ω]

　다.　196[Ω]　　　　　라.　50[Ω]

▶ 해설 ◀ 소스 폴로우 회로　$R_0 = \dfrac{r_d}{1+\mu} \fallingdotseq \dfrac{1}{g_m}$

[문제 29] 그림의 저주파 소신호 FET 증폭기에서 g_m=1[mA/V], r_d=100[KΩ], R_d=50[KΩ], R_s=1[KΩ]일 때 전압 증폭도 $|A_v| \fallingdotseq |V_0/V_i|$는? [다]

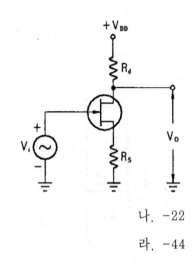

가. -11

나. -22

다. -33

라. -44

▶ 해설 ◀ CS의 전압 이득

$$A_v = \frac{-\mu R_L}{r_d + R_L}$$

아. RC 결합 증폭회로

RC 결합 증폭기의 대역 제한요소

(1) 저역 대역 : 결합 콘덴서의 영향을 받는다.

(2) 고역 대역 : 출력회로 내의 병렬용량의 영향을 받는다.

(3) 중역 대역 : 콘덴서의 영향을 받지 않는다.

[문제 30] RC 결합 저주파 증폭회로의 이득이 높은 주파수에서 감소되는 이유는? [가]

가. 출력회로의 병렬 커패시턴스 때문

나. 결합 캐패시턴스의 영향 때문

다. 부성저항이 생기기 때문

라. 증폭기 소자의 특성이 변하기 때문

[문제 31] 다음 그림과 같은 회로의 상승시간은? [나]

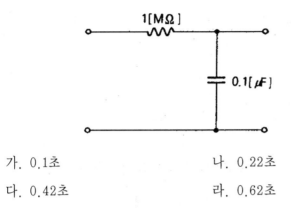

가. 0.1초   나. 0.22초

다. 0.42초   라. 0.62초

▶ 해설◀ $t_r = 2.2\,RC = 2.2 \times 1[M\Omega] \times 0.1[\mu F] = 0.22[초]$

4.2 궤환증폭회로

가. 궤환 증폭기

직렬 전압궤환 증폭기의 특징

① 궤환률 : $\beta = V_f/V_0 = 1$

② 궤환 성분 : 전압(V_f)

③ 입·출력 임피던스의 변화 : R_f(증가), R_{0f}(감소)

④ 안정화되는 파라미터 : 전압이득

⑤ 주파수 대역폭 : 증가

⑥ 비직선 일그러짐 : 감소

[문제 32] 직렬 전압궤환 증폭기의 일반적 특징이 아닌 것은? [나]

가. 출력저항은 감소하고 입력저항은 증가한다.

나. 증폭기는 전류 증폭기를 사용한다.

다. 주파수 대역폭이 증가한다.

라. 비직선 일그러짐이 감소한다.

[문제 33] 트랜지스터 증폭회로에서 저항 R_f의 역할은? [다]

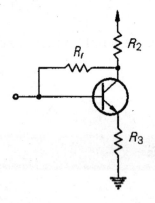

가. 입력 임피던스 조절   나. 바이어스 안정화

다. 부궤환 작용   라. 부하 저항

▶ **해설** ◀ 병렬 전압궤환회로

[문제 34] 전류 부궤환 회로에서 부궤환을 걸지 않았을 때 보다 증가되지 않는 사항은? [가]

가. 출력 임피던스   나. 입력 임피던스

다. 비직선 왜곡   라. 대역폭

▶ **해설** ◀ 출력 임피던스는 감소한다.

[문제 35] 다음은 간략한 궤환증폭회로 이다. A=1000이라 하고, 궤환이 걸렸을 때의 전체 이득을 20으로 할 경우 β 의 값으로 옳은 것은? [라]

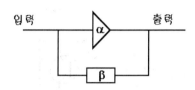

    가. 5   나. 0.5

    다. 50   라. 0.05

► 해설 ◄ $A_f = \dfrac{A}{1 - \beta A} = 20 = \dfrac{1000}{1 - \beta \cdot 1000}$

[문제 36] 이득 60[dB]의 저주파 증폭기가 10[%]의 일그러짐률을 가질 때 이것을 1[%] 이내로 개선하기 위해서는 얼마만큼의 전압 부궤환을 걸어 주어야 하는가? [나]

    가. 60[dB]   나. 40[dB]

    다. 20[dB]   라. 10[dB]

► 해설 ◄ $D_f = \dfrac{D}{1 - \beta A} = 0.01 = \dfrac{0.1}{1 - \beta \cdot 1000}$

[문제 37] 부궤환 증폭회로를 사용하여 이득이 1/2배로 줄어들면 대역폭은? [가]

    가. 2배로 넓어진다.   나. 4배로 넓어진다.

    다. 변함이 없다.   라. 1/2배로 좁아진다

[문제 38] 궤환회로에서 feedback 안 했을 때의 전압이득 A_{vo}=-500, 궤환률 β_b=-0.05, 그리고 신호전압 V_s=0.1[V]라 하면 feedback했을 때의 전압이득 Avor은 얼마인가? [가]

    가. -19   나. -38

    다. -57   라. -76

[문제 39] 그림의 궤환 증폭기에서 C를 제거하면 어떤 현상이 일어나는가?
　　　　　[가]

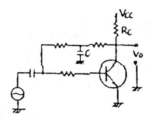

　　가. 이득이 감소한다.　　　　　나. 이득이 증가한다.

　　다. 발진이 일어난다.　　　　　라. 안정도가 향상된다.

　▶ **해설** ◀ C가 없으면 출력전압에 비례하는 전압이 입력측으로 부궤환되므로 이득이
　　감소한다.

4.3 연산증폭회로

가. 연산 증폭기

이상적인 연산 증폭기(OP Amp)의 특징

① 전압 이득(개루프 이득) $A_V = \infty$

② 입력 임피던스 $R_i = \infty$

③ 출력 임피던스 $R_0 = 0$

④ 주파수 대역 $B = \infty$

⑤ offset이 0이다.

[문제 40] 연산 증폭기(OP Amp)의 특징으로서 맞는 것은? [라]

　　　　가. 전압 이득이 적다.　　　　나. 입력 임피던스가 낮다.

　　　　다. 출력 임피던스가 높다.　　라. 주파수 대역이 넓다.

나. 가산기

가산회로는 반전 증폭기의 변형으로 2개 이상의 입력으로 하며 출력의 크기
는 입력신호에 대해 부의 합으로 나타낸다.

[문제 41] 그림과 같은 연산 증폭기 회로에서 출력은? [나]

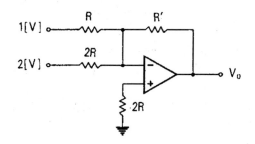

　가. 2[V]　　　　나. -2[V]　　　　다. 3[V]　　　　라. -1[V]

▶ 해설 ◀ 가산기의 출력

$$V_0 = -\left(\frac{R_0}{R_1} V_1 + \frac{R_0}{R_2} V_2 \right)$$

다. 감산기

[문제 42] 그림과 같은 OP-Amp 회로에서 $R_1=1[KΩ]$, $R_2=100[KΩ]$, $R_3=1[KΩ]$,
$R_4=100[KΩ]$이고 V_1이 V_2의 3배가 되도록 입력시켰을 때 출력 V_0는
V_2의 몇 배가 되는가? [라]

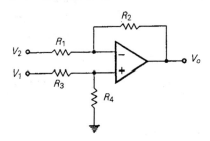

　가. 1　　　　나. 50　　　　다. 100　　　　라. 200

▶ 해설 ◀ 감산기 회로이다. $R_1=R_3$, $R_2=R_4$이고 $V_1=3V_2$이므로 출력 V_0는

$$V_0 = \frac{R_2}{R_1}(V_1 - V_2) = \frac{R_2}{R_1}(3V_2 - V_2) = 200V_2$$

[문제 43] 다음 연산증폭회로에서 출력전압 e_i의 식은?
(단, $R_1 = R_3$, $R_2 = R_4$)이다. **[나]**

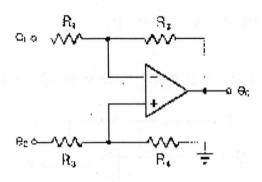

가. $e_0 = e_2 - e_1$

나. $e_0 = \dfrac{R_2}{R_1}(e_2 - e_1)$

다. $e_0 = \dfrac{R_3}{R_4}(e_1 + e_2)$

라. $e_0 = \dfrac{R_4}{R_2}(e_1 + e_2)$

[문제 44] 그림에서 A가 연산 증폭기일 때 입·출력 전압 관계는? **[가]**

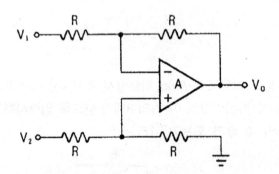

가. $V_0 = V_2 - V_1$

나. $V_0 = V_2 + V_1$

다. $V_0 = \dfrac{R}{2R}(V_2 - V_1)$

라. $V_0 = \dfrac{R}{R + R}(V_2 + V_1)$

【문제 45】 다음 연산 증폭기에서 출력전압의 크기는? [가]

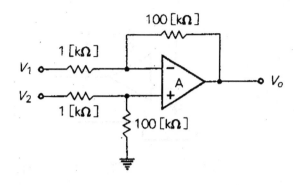

가. $V_0 = 100(V_2 - V_1)$ 나. $V_0 = V_2 + V_1$

다. $V_0 = 99(V_1 - V_2)$ 라. $V_0 = V_2 - V_1$

라. 적분기

【문제 46】 그림의 회로의 명칭은 어느 것인가? [나]

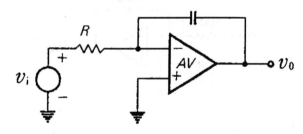

가. 미분기   나. 적분기

다. 분주기   라. 가산기

[문제 47] 그림과 같은 적분기에 계단전압을 입력시켰을 때의 출력파형은?
[가]

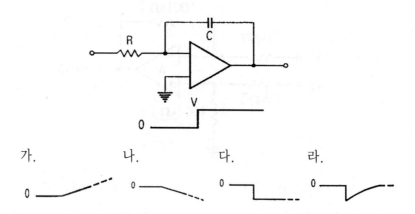

가.　　　　　나.　　　　　다.　　　　　라.

마. 미분기

[문제 48] 그림과 같은 연산 증폭기의 출력전압 V_0는? [라]

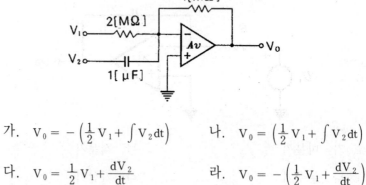

가. $V_0 = -\left(\frac{1}{2}V_1 + \int V_2 \, dt\right)$ 　　　나. $V_0 = \left(\frac{1}{2}V_1 + \int V_2 \, dt\right)$

다. $V_0 = \frac{1}{2}V_1 + \frac{dV_2}{dt}$ 　　　라. $V_0 = -\left(\frac{1}{2}V_1 + \frac{dV_2}{dt}\right)$

▶ 해설 ◀ 중첩의 원리를 적용

$$V_o{}' = -\frac{1}{2}\frac{[M\Omega]}{[M\Omega]} \times V_1 \quad (V_2 = 0 \ 일 \ 때)$$

$$V_o{}'' = -CR\frac{dV_2}{dt} = -1\,[\mu F] \cdot 1\,[M\Omega]\,\frac{dV_2}{dt} \quad (V_1 = 0 \ 일 \ 때)$$

$$\therefore \ V_o = V_o{}' + V_o{}'' = -\frac{1}{2}V_1 - \frac{dV_2}{dt} = -\left(\frac{1}{2}V_1 + \frac{dV_2}{dt}\right)$$

바. 반전 연산 증폭기

[문제 49] 다음은 연산 증폭기를 사용한 회로이다. 전압 증폭률 V_0/V_S는 얼마인가? [가]

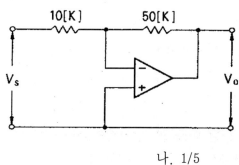

가. -5   나. 1/5

다. 6   라. -1/3

▶ 해설 ◀ 반전 연산 증폭기이다.

$$A_f = \frac{V_0}{V_S} = -\frac{R_f}{R} = -\frac{50}{10} = -5$$

[문제 50] 다음과 같은 연산 증폭기가 있다. 전압 증폭률 V_0/V_s는 얼마인가? [가]

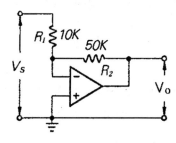

가. -5   나. 1/5

다. 5   라. -1/5

사. 비반전 연산 증폭기

[문제 51] 비반전 연산 증폭기의 설명이 맞는 것은? [다]

　　가. 반전 연산 증폭기의 증폭도가 똑같으면 위상만 반전된다.

　　나. 입력 단자의 전압은 0이다.

　　다. 두 개의 입력단자에 전류는 흐르지 않고 전위는 똑같다.

　　라. 두 개의 입력단자에 전류는 최대값을 갖게 된다.

[문제 52] 그림과 같은 이상적인 연산증폭회로의 증폭도는? (단, R_1=2[KΩ], R_2=15[KΩ], R_3=10[KΩ]이다) [다]

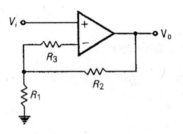

　　가. 2.5　　　　　나. 7.5　　　　　다. 8.5　　　　　라 12.5

▸ **해설** ◂ 비반전 연산 증폭기이다. 증폭도 A_f는 R_3와 무관하다.

$$A_f = \frac{v_0}{v_i} = 1 + \frac{R_2}{R_1} = 1 + \frac{15}{2} = 8.5$$

[문제 53] 다음은 비반전 연산 증폭기로서 반전 단자를 이용하여 궤환한 것이다. 증폭도(V_o/V_s)는 얼마인가? (단, $R_i \to \infty$, $-A_v = \infty$로 가정) [라]

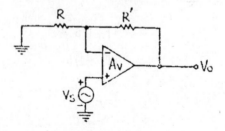

　　가. $-R/R'$　　　나. $-R'/R$　　　다. $R/(R+R')$　　라. $(R+R')/R$

4.4 전력증폭회로

가. 전력 증폭기

[문제 54] FM 증폭방식으로 사용하고 저주파 증폭기에는 사용되지 않는 증폭
방식은? [나]

　　가. A급 푸시풀　　　　　　나. C급 푸시풀

　　다. B급　　　　　　　　　　라. AB급

　▶ **해설** ◀ 저주파 증폭기에는 A급, AB급, B급 등을 사용한다.

[문제 55] 저주파 증폭기의 혼변조 왜곡은 다음 중 어느 왜곡에 속하는가? [가]

　　가. 진폭 왜곡　　　　　　　나. 직선 왜곡

　　다. 위상 왜곡　　　　　　　라. 주파수 왜곡

[문제 56] 고주파 증폭기로 사용하는데 적합하지 않은 증폭기는 어느 것인
가? [라]

　　가. 단일동조 RC 결합 증폭기　　나. 단일동조 상호 유도결합 증폭기

　　다. 복동조 증폭기　　　　　　　라. 완충(Buffer) 증폭기

나. A급 증폭기

[문제 57] A급 증폭기에서 입력신호 전압이 정현파일 때 출력전력은? [나]

　　가. 입력 신호전압의 크기에 비례

　　나. 입력 신호전압의 제곱에 비례

　　다. 입력 신호전압의 주파수에 비례

　　라. 입력 신호전압의 주파수에 반비례

다. B급(푸시풀) 증폭기

[문제 58] B급 푸시풀 증폭기의 최대 직류 공급전력 P_{dm}은? (단, I_m: 최대 콜렉터 전류, V_{cc}: 공급압) [라]

가. $P_{dm}=I_m V_{cc}$

나. $P_{dm}=2I_m V_{cc}$

다. $P_{dm}=I_m V_{cc}/\pi$

라. $P_{dm}=2I_m V_{cc}/\pi$

▶ 해설 ◀ 최대 직류 입력전력 : 두 트랜지스터에 대하여 콜렉터 전지 V_{cc}가 공급하는 직류전력이다.

$P_{dm}=2V_{cc}I_{dc} ≒ 2V_{cc}(I_m/\pi)$

[문제 59] Push-pull 트랜지스터 전력 증폭기에서 바이어스를 완전 B급으로 하지 않는 이유는 무엇인가? [라]

가. 효율을 높이기 위해

나. 출력을 크게 하기 위해

다. 안정된 동작을 하기 위해

라. crossover 왜곡을 줄이기 위해

[문제 60] push-pull 증폭기의 장점이 아닌 것은? [다]

가. 출력파형의 일그러짐이 적다.

나. 능률이 좋다

다. 입력신호에 포함된 험(hum)이 제거된다.

라. 전원의 리플전압이 출력에 나타나지 않는다.

라. 다단 증폭기

[문제 61] 그림과 같이 증폭기를 3단 접속하여 첫 단의 증폭기 A_1에 입력전압으로서 2[μ V]인 전압을 가했을 때 종단 증폭기 A_3의 출력전압은 몇[V]로 되는가? (단, A_1, A_2, A_3의 전압이득 G_1, G_2, G_3은 각각 60[dB], 20[dB], 40[dB]이다.) [나]

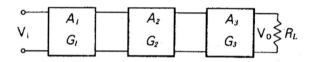

    가. 20[V]   나. 2[V]

    다. 0.2[V]   라. 20[mV]

▶ **해설** ◂ 다단 증폭기의 이득

(1) 총 전압 증폭도 : $A = A_1 \cdot A_2 \cdot A_3 = V_0/V_1$

(2) 총 전압 이득 : $G = 20 \log A = 20 \log V_0/V_1 = 20 \log A_1 + 20 \log A_2 + 20 \log A_2$

마. 동조형 증폭기

[문제 62] 동조형 증폭기에서 공진 주파수 f_0, 주파수 대역폭 B, 코일의 Q와의 관계를 설명한 것은? [가]

    가. B와 f_0는 비례한다.   나. Q는 f_0에 반비례한다.

    다. B와 f_0의 자승에 비례한다.   라. Q는 B의 자승에 비례한다.

▶ **해설** ◂ $B = f_0/Q$

5. 발진회로

semiconductor

semiconductor
semiconductor
semiconductor
semiconductor

5.1 발진의 원리

[문제 1] 발진회로와 관계가 없는 것은? [다]

    가. 부성저항   나. 정궤환

    다. 부궤환   라. 재생회로

    ▶ **해설** ◀ 발진기에서는 정궤환이며, 부궤환은 증폭기의 특성을 개선시키기 위해 부가
        된다.

[문제 2] 출력이 정현파인 경우 바크하우젠의 발진조건에 맞지 않는 것은?
           [가]

    가. 증폭기와 궤환회로를 거치는 루프 이득은 그 크기가 1이어야 한다.

    나. 증폭기와 궤환회로를 거치는 위상 편이는 360도 이어야 한다.

    다. 위상 크로스오버 주파수와 이득 크로스오버 주파수는 같지 않다.

    라. 정현파 발진기의 동작 주파수를 표시하는 식은 $T(j2\pi f_o) = -1$
    이다.

5.2 발진회로의 종류 및 발진 주파수

가. 수정 발진기

▶ 수정 발진기의 특징

(1) 압전효과를 이용 (수정 등)

(2) 선택도 Q가 높다.

(3) 주파수 안정도가 대단히 높다. $(10^{-5} \sim 10^{-8})$

(4) 수정 공진자 중 GT-cut이 온도계수가 가장 작다.

(5) X-tal은 유도성에서 동작하며, 발진 주파수는 X-tal의 두께에 의해 결정된다.

[문제 3] 다음은 수정편을 이용한 발진회로의 설명이다. 적합하지 않은 것은? [다]

　가. 수정편이 마멸되어 성능이 나쁠 경우 고유 주파수가 변화하거나 발진이 중단된다.

　나. 부하 변동의 영향을 받을 수 있다.

　다. 수정편의 온도가 증가할 때 고유 주파수가 증가하면 정 온도계수를 가진다.

　라. 수정발진이 자려발진에 비해 주파수의 안정도는 크나 발진주파수를 연속적으로 가변시킬 수 없다.

[문제 4] 수정 발진자는 발진 주파수가 안정하다. 안정한 이유로서 가장 옳은 것은? [라]

　가. 수정은 고유진동을 하고 있기 때문에

　나. 수정 발진자는 온도계수가 작기 때문에

　다. 수정은 피에조 전기현상을 나타내기 때문에

　라. 수정 발진자의 Q가 높기 때문

　　▶ **해설** ◀ 수정 진동자의 선택도 Q가 매우 높기 때문에 LC 발진기보다 발진주파수의 변동이 작다.

[문제 5] 다음 중 수정 발진기의 주파수 안정도가 양호한 이유에 해당되는 것
은? [가]

가. 수정편의 Q가 매우 높다.

나. 수정 진동자는 온도특성이 안정하다.

다. 발진조건을 만족시키는 유도성 주파수 범위가 아주 넓다.

라. 부하 변동의 영향을 전혀 받지 않는다.

[문제 6] 수정 진동자의 병렬공진 주파수에서의 리액턴스는? [가]

가. 무한대   나. 0

다. 순용량성 리액턴스   라. 순저항성 리액턴스

나. CB-pierce형 발진회로

[문제 7] 그림과 같은 발진회로의 명칭은? [라]

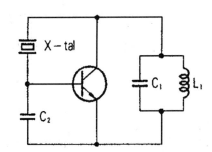

가. LC 발진회로   나. Colpitts 발진회로

다. BE-pierce형 발진회로   라. CB-pierce형 발진회로

[문제 8] 피어스(pierce) B-E 형 수정 발진회로는 콜렉터 회로의 임피던스가 어떻게 될 때 가장 안정한 발진을 지속하는가? [가]

가. 유도성　　　　　　　　　나. 용량성

다. 저항성　　　　　　　　　라. 유도성이나 용량성에 무관

다. RC 발진기

[문제 9] CR 발진기란 무엇인가? [가]

가. C 및 R로써 정궤환에 의하여 발진한다.

나. 부성저항을 이용한 발진기이다.

다. C 및 R로써 부궤환에 의하여 발진한다.

라. 압전효과를 이용한 발진기이다.

[문제 10] 다음과 같은 RC 회로에 직류 기전력을 가했을 때 해당되지 않는 그림은? [다]

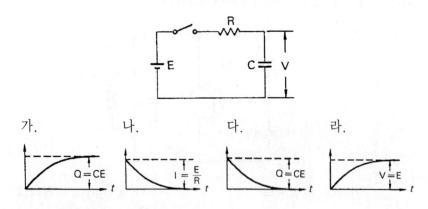

▶해설◀ RC 회로의 특성(충전의 경우)

(1) 전하 : $q = CV(1 - e^{-t/RC})$

(2) 전류 : $i = dq/dt = V/R\, e^{-t/RC}$

(3) R의 단자전압 : $v_R = i \cdot R = V e^{-t/RC}$

(4) C의 단자전압 : $v_C = q/C = V(1 - e^{-t/RC})$

라. 콜렉터 동조 발진회로

[문제 11] 다음과 같은 콜렉터 동조 발진회로에서 $L_1=200[mH]$, $L_2=150$ [mH], $C_1=200[pF]$일 때 발진 주파수는 얼마인가? [가]

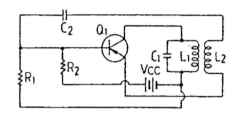

가. 25[KHz]

나. 55[KHz]

다. 80[KHz]

라. 120[KHz]

마. Hartley 발진회로

[문제 12] 그림과 같은 발진회로가 있다. 이 발진회로는 다음 어느 것에 해당하는가? [나]

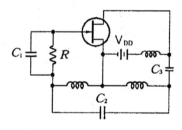

가. Colpitts 발진회로

나. Hartley 발진회로

다. 동조형 발진회로

라. 이상형(Phase shift) 발진회로

[문제 13] 하틀리 발진기에서 궤환요소는? [다]

가. 용량

나. 저항

다. 코일

라. 트랜지스터

[문제 14] 다음 발진회로의 발진 주파수는 무엇인가? (단, 코일의 저항은 무시한다) [가]

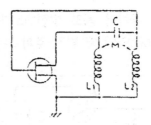

가. $W_0{}^2 = 1/\{C(L_1+L_2+2M)\}$ 나. $W_0{}^2 = C/(L_1+L_2+2M)$

다. $W_0{}^2 = (L_1+L_2+2M)/C$ 라. $W_0{}^2 = (L_1+L_2+)/(2CM)$

바. Colpitts 발진회로

[문제 15] 그림의 발진회로에서 발진이 시작될 때 회로에서 필요한 전압이득 A_V는? [가]

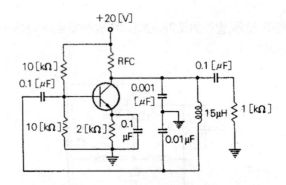

가. $A_V > 10$ 나. $A_V > 29$

다. $A_V > 30$ 라. $A_V > 100$

▶ **해설** ◀ 발진조건 $A \cdot \beta = 1$ 이므로 $\beta = \dfrac{C_1}{C_2}$ 를 이용한다.

$$A_v = \frac{C_2}{C_1} = \frac{0.01}{0.001} = 10$$

실제로 발진기가 자기 진동을 하려면 $A \cdot \beta$ 가 1보다 커야 한다.

$$A \cdot \beta > 1 \qquad \therefore \ A_v > \frac{C_2}{C_1}$$

[문제 16] 그림과 같은 교류적 등가회로로 표시되는 발진회로의 발진 주파수
는? [라]

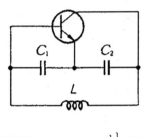

가. $\dfrac{1}{2\pi\sqrt{\dfrac{1}{L}\left(\dfrac{1}{C_1}+\dfrac{1}{C_2}\right)}}$ 나. $\dfrac{1}{2x\sqrt{L\left(\dfrac{1}{C_1}+\dfrac{1}{C_2}\right)}}$

다. $\dfrac{1}{2x\sqrt{\dfrac{1}{L}(C_1+C_2)}}$ 라. $\dfrac{1}{2\pi\sqrt{\dfrac{LC_1C_2}{C_1+C_2}}}$

► 해설 ◄ $f=\dfrac{1}{2\pi\sqrt{LC_T}}$

[문제 17] 다음 회로를 발진기로 동작시키기 위한 리액턴스 소자들의 적합한
조건은? [나]

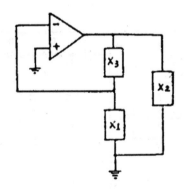

가. X_1 유도성, X_2 용량성, X_3 유도성

나. X_1 용량성, X_2 유도성, X_3 용량성

다. X_1 유도성, X_2 용량성, X_3 용량성

라. X_1 용량성, X_2 용량성, X_3 유도성

사. 이상(Phase shift) 발진기

[문제 18] 그림과 같은 이상발진기의 발진조건은? (단, w_0: 발진 주파수, A_v: 전압 증폭도) [가]

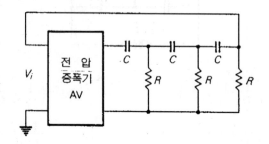

가. $w_0 = \dfrac{1}{CR\sqrt{6}}$, $A_v \geq 29$ 나. $w_0 = \dfrac{\sqrt{6}}{CR}$, $A_v \geq 29$

다. $w_0 = \dfrac{\sqrt{6}}{CR}$, $A_v \leq 29$ 라. $w_0 = \dfrac{1}{\sqrt{6}CR}$, $A_v \leq 29$

[문제 19] 다음은 병렬 C형 이상발진회로의 예이다. 발진주파수 f 를 옳게 나타낸 식은? [다]

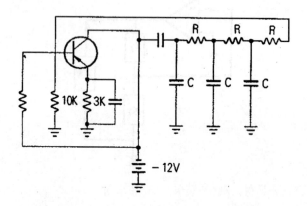

가. $f = \dfrac{1}{2\pi\sqrt{6}CR}$ 나. $f = \dfrac{1}{2\pi CR}$

다. $f = \dfrac{\sqrt{6}}{2\pi CR}$ 라. $f = \dfrac{2\pi CR}{\sqrt{6}}$

【문제 20】 다음의 병렬 R형 이상발진기의 발진주파수는? (단, R=10[KΩ], C=0.001[μF] 이다.) [라]

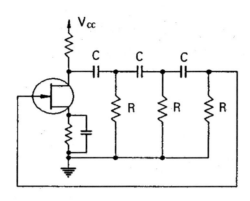

　가. 1.6[KHz]　　　　　　　나. 2[KHz]

　다. 4[KHz]　　　　　　　　라. 6.5[KHz]

▶ 해설 ◀　$f = \dfrac{1}{2\pi\sqrt{6}\,RC}$ [Hz]

【문제 21】 FET를 사용한 이상 CR 발진기에서 발진을 지속하기 위해 FET의 증폭도는 최소 얼마 이상이어야 하는가? [나]

　가. 10이상　　　　　　　　나. 29이상

　다. 100이상　　　　　　　　라. 156이상

▶ 해설 ◀ 이상 CR 발진기
　(1) 기본 동작 : 증폭기의 출력전압이 RC 이상회로를 거쳐서 거의 180° 위상이 반전되어 입력으로 피드백 된다.
　(2) 피드백 계수의 조건

　　$\beta = \dfrac{V_f}{V_o} = \dfrac{1}{29}$

　　만일 FET의 μ가 29보다 작으면 이 회로는 발진하지 않는다.
　(3) 발진 주파수

　　$f_0 = \dfrac{1}{2\pi\sqrt{6}\,RC}$

아. 선택도 Q

[문제 22] 중심 주파수가 455[kHz], 대역폭이 12[kHz]가 되도록 단일 동조 증
폭회로를 만들려면, 이 회로의 부하 Q는 얼마로 하면 좋은가? [다]

가. 0.026   나. 76

다. 38   라. 19

► 해설 ◄ $Q = \dfrac{f_0}{B} = \dfrac{455}{12} = 37.9$

[문제 23] L, C, R 직렬회로의 공진 주파수에 대한 Q 값은? [나]

가. L/CR 나. wL/R

다. R/wC 라. $\dfrac{1}{R}\sqrt{\dfrac{C}{L}}$

► 해설 ◄ 선택도 Q

$$Q = \frac{wL}{R} = \frac{1}{wCR} = \frac{f_0}{B} \ \text{또는} \ Q = \frac{1}{R}\sqrt{\frac{L}{C}}$$

6. 펄스회로

semiconductor

semiconductor
semiconductor
semiconductor
semiconductor

6.1 펄스 발생 및 변환회로

가. 점유율(Duty cycle)

[문제 1] 다음 그림은 이상적인 펄스를 나타낸 것이다. 펄스의 점유율 D는?
　　　　[가]

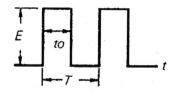

가.　$D = \dfrac{t_0}{T}$　　　　　　　　나.　$D = \dfrac{T}{t_0}$

다.　$D = \dfrac{E}{T}$　　　　　　　　라.　$D = \dfrac{E}{t_0}$

▶ 해설 ◀ 펄스의 점유율 $D = \dfrac{\text{펄스 폭}(t_0)}{\text{반복주기}(T)}$

[문제 2] 그림과 같은 펄스파의 듀티 사이클(Duty cycle)을 나타내는 식으로
　　　　옳은 것은? [다]

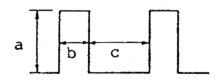

가.　$\dfrac{a}{b}$　　　　　　　　나.　$\dfrac{a}{c}$

다.　$\dfrac{b}{b+c}$　　　　　　　라.　$\dfrac{c}{b+c}$

[문제 3] 다음 중 펄스 점유율 D가 0.5인 파형은? [가]

    가. 구형파   나. 톱니파

    다. 계단파   라. 정현파

[문제 4] 듀티 사이클이 0.1이고 주기가 30[μs]인 펄스의 폭은 얼마인가? [다]

    가. 10[μs]   나. 0.3[μs]

    다. 3[μs]   라. 1[μs]

    ▶ 해설 ◀ 듀티 사이클 D=펄스폭/주기
          0.1=펄스폭/30μs --〉 펄스폭=0.1×30[μs]=3[μs]

[문제 5] 1[MHz] 클럭의 클럭 사이클 타임은? [가]

    가. 1[μs]   나. 2[μs]

    다. 6[μs]   라. 106[μs]

나. 톱니파 발생회로

[문제 6] 그림과 같은 회로의 역할은? [다]

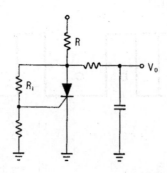

    가. 펄스발생회로   나. 쌍안정 플립플롭 회로

    다. 톱니파 발생회로   라. 전력제어회로

[문제 7] 그림과 같은 회로에 입력 Vi가 인가되었을 때 출력은 어느 것이 옳은가? [나]

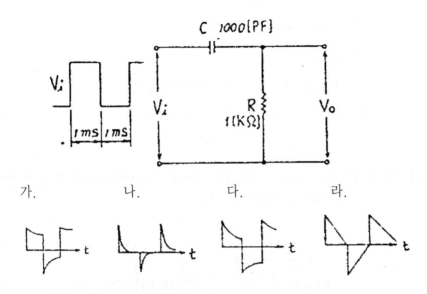

가.   나.   다.   라.

6.2 멀티바이브레이터

가. 쌍안정 멀티바이브레이터

[문제 8] 다음 회로중에서 결합상태가 DC(직류)로 구성된 멀티바이브레터 회로는? [다]

    가. 무안정 멀티바이브레터   나. 단안정 멀티바이브레터

    다. 쌍안정 멀티바이브레터   라. 무·단안정 멀티바이브레터

[문제 9] 쌍안정 멀티바이브레터의 결합저항에 병렬로 부가한 콘덴서의 목적은? [나]

가. 증폭도를 높인다.

나. 스위칭 속도를 높인다.

다. 베이스 전위를 일정하게 유지시킨다.

라. 에미터 전위를 일정하게 유지시킨다.

[문제 10] 그림은 멀티 바이브레이터의 펄스 발생기이다. T_1과 T_2의 펄스폭의 합 T_1+T_2는 얼마인가? [나]

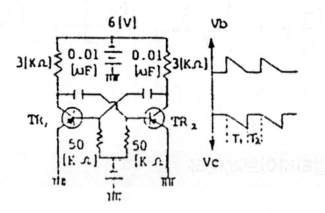

가. $0.25 \times 10-3$[sec]

나. 0.7[msec]

다. $0.5 \times 10-3$[sec]

라. 10[msec]

나. 단안정 멀티바이브레이터

[문제 11] 다음은 단안정 멀티바이브레이터이다. 출력 파형의 주기는 얼마인
가? [라]

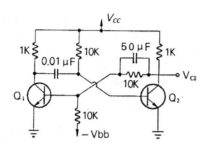

가. $5[\mu s]$　　　　　　　　나. $50[\mu s]$

다. $6.9[\mu s]$　　　　　　　라. $69[\mu s]$

► **해설** ◄ $T = 0.693CR = 0.693 \times 0.01\mu F \times 10k\Omega = 69[\mu s]$

[문제 12] 그림과 같은 단안정 멀티바이브레터의 동작을 설명한 것 중 옳지
않은 것은? [나]

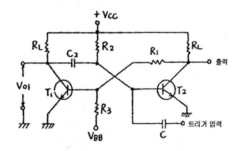

가. 입력 트리거 전압이 인가되지 않으면 T_1은 OFF, T_2는 ON 상태
를 유지한다.

나. 정(正)의 트리거 펄스가 인가되면 T_1은 ON, T_2는 OFF 상태로 된
다.

다. 부(負)의 트리거 펄스가 인가되면 T_1은 ON, T_2는 OFF 상태로 된
다.

라. 커패시터 C_2의 방전이 끝나면 T_1은 OFF, T_2는 ON 상태로 되돌
아간다.

[문제 13] 그림과 같은 디지탈 주파수에서 클럭 펄스가 가해진 시간이 0.2msec이고, 이 동안에 계수가 계수한 펄스의 수가 124라고 한다. 미지의 주파수는 (단, S/S는 단안정 멀티바이브레터이다.) [나]

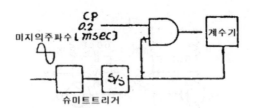

가. 310[KHz]   나. 620[KHz]

다. 1240[KHz]   라. 1520[KHz]

▶ 해설 ◀ $f = \dfrac{124}{0.2m} = 620\,[\text{kHz}]$

다. 무안정 멀티바이브레터

[문제 14] 그림과 같은 회로의 동작에 관한 설명으로 틀린 것은? [다]

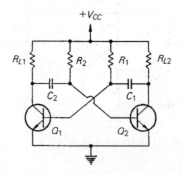

가. 이 회로는 발진을 하는 회로이다.

나. 이 회로는 2단 RC 결합 증폭기로서 궤환회로를 형성하고 있다.

다. $C_1 = C_2 = C$, $R_1 = R_2 = R$ 일 때 출력파의 주기는 2RC가 된다.

라. 콜렉터의 출력파형은 구형파를 얻을 수 있다.

라. 리미터 회로

[문제 15] 다음 회로에서 $V_i - V_o$ 특성곡선을 올바르게 나타낸 것은? [가]

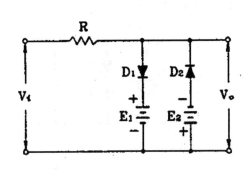

가.

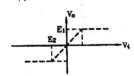

나.

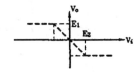

다.

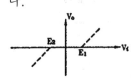

라.

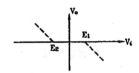

▶ 해설 ◀ 리미터 회로

피크 클리퍼와 베이스 클리퍼를 결합한 것으로 출력파형은 기준레벨 E_1, E_2의 위아래 양쪽을 잘라낸 파형이 된다.

(1) $V_i > E_1$일 때 $D_1 \rightarrow$ ON, $D_2 \rightarrow$ OFF 출력 $V_o = E_1$ 이다.

(2) $-E_2 < V_i < E_1$일 때 $D_1, D_2 \rightarrow$ OFF 출력 $V_o = V_i$ 이다.

(3) $V_i < E_2$일 때 $D_1 \rightarrow$ OFF, $D_2 \rightarrow$ ON 출력 $V_o = E_2$ 이다.

마. 클리퍼(clipper)

[문제 16] 그림과 같은 회로에서 입력(v_i)에 정현파를 인가했을 때 같은 출력 파를 얻을 수 있는 회로는? [가]

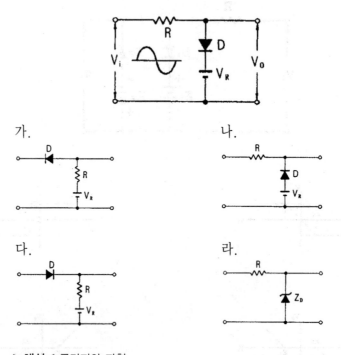

가.

나.

다.

라.

▶ 해설 ◀ 클리퍼의 파형

병 렬 형	직 렬 형	전달특성	출력파형

[문제 17] 그림의 다이오드 회로에서 입력 V_i가 $V_i = 4 \sin(100\,t)$[V]인 경우에
출력전압 V_0는 최대값이 얼마인가? [나]

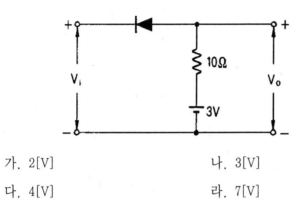

가. 2[V] 나. 3[V]

다. 4[V] 라. 7[V]

▶ **해설** ◀ 입력 $v_i > V_R$이면 D는 off되어 출력 $v_0 = V_R = 3$[V]가 된다.

[문제 18] 그림과 같은 회로에서 $V_I = 20 \sin wt$[V]일 때 전달특성은? (단, 다이
오드는 이상적인 특성을 갖는다.) [라]

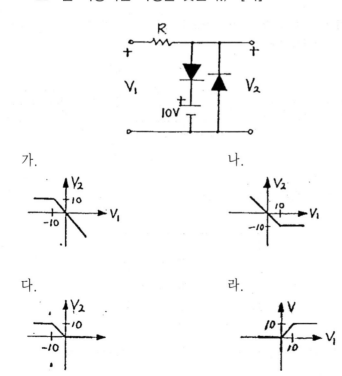

가.

나.

다.

라.

[문제 19] 그림의 D는 이상적인 다이오드이다. 전달 특성은? [나]

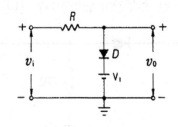

가.

나.
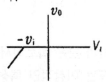

다.
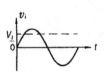

라.
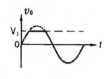

▶ **해설** ◀ $V_i > V_1$일 때 D→on이 되므로 출력 $V_0 = V_1$이고, $V_i < V_1$일 때 D→off가 되므로 출력 $V_0 = V_i$rk 된다.

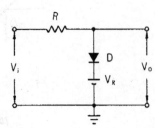

<피크 클리퍼의 특성>

[문제 20] 다음 그림의 회로 명칭은? [나]

가. 슈미트 트리거 회로   나. 클리핑 회로

다. 클램핑 회로   라. 슬라이스 회로

【문제 21】 그림의 다이오드 회로에서 입력 $v_i = 4 \sin(100t)$[V]인 경우에 출력
전압 v_0는 최고치가 몇 볼트인가? [나]

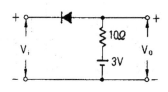

가. 2[V]   나. 3[V]

다. 4[V]   라. 5[V]

▶ **해설** ◀ 입력전압 v_i가 기준전압 3V보다 크면 ($v_i > 3$[V]) 다이오드 D가 off 상태이
므로 출력 $v_0 = 3$[v]가 된다.

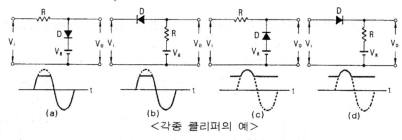

<각종 클리퍼의 예>

【문제 22】 다음과 같은 회로에 정현파 전압을 인가시켰을 때 출력측에 나타나
는 파형은? (단, $V_m > V_R$이다.) [가]

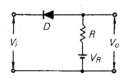

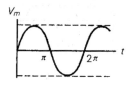

가.   나.   다.   라.

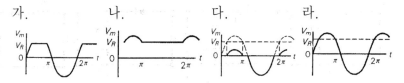

[문제 23] 그림 (a)의 회로망에서 그림 (b)의 입력파를 인가시 출력파형은?
(단, 다이오드는 이상적인 특성을 갖는다.) [라]

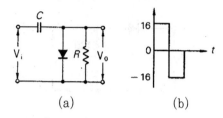

(a)   (b)

가. 0[V]와 +16[V]에 클램프 된다.

나. 0[V]와 −16[V]에 클램프 된다.

다. 0[V]와 +32[V]에 클램프 된다.

라. 0[V]와 −32[V]에 클램프 된다.

▶ **해설** ◀ 입력파형의 정(+)의 피크값을 0레벨로 추이시켜 파형이 minus 측에 나타나는 회로이다.

$0 \sim t_1$: D → on 이 되고 출력 $V_0 = v_i + v_c = +16 - 16 = 0$

$t_1 \sim t_2$: D → off 가 되고 출력 $V_0 = v_i + v_c = -16 - 16 = -32$

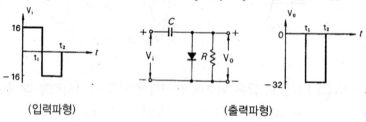

(입력파형)   (출력파형)

[문제 24] 그림과 같은 출력을 얻을 수 있는 회로는? (단, 입력은 정현파이다)
[가]

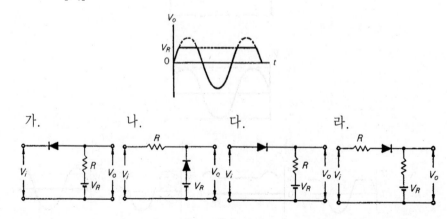

가.   나.   다.   라.

[문제 25] 다음 회로가 나타내는 전달특성은? [가]

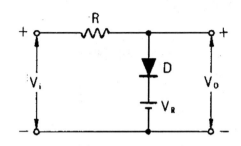

가.

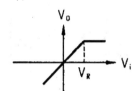

나.

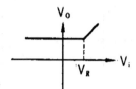

다.

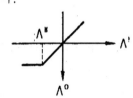

라.

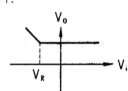

▶ **해설** ◀ 피크 클리퍼 회로

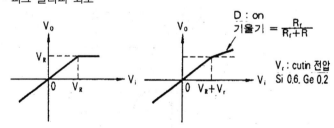

(a)이상적 특성   (b)실제특성

[문제 26] 다음과 같은 다이오드 회로에서 전달특성은? (단, V_z는 D_1과 D_2의 항복전압이다.) [라]

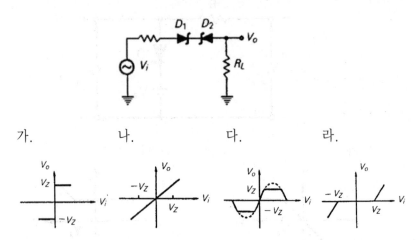

바. Clamp 회로

[문제 27] 다음은 클램프 회로이다. 그림과 같은 입력이 주어졌을 때 출력파형의 모양은? [다]

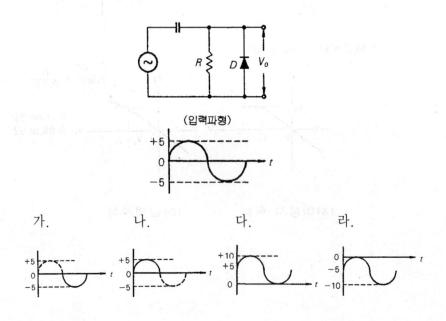

6.3 슈미트 트리거회로

가. Schmitt 트리거회로

▶ **슈미트 트리거 회로**

(1) **회로 구성** : 에미터 결합 쌍안정회로

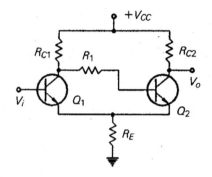

(2) **쌍안정 회로와의 차이점**

   1. 둘째 증폭단 Q_2의 콜렉터와 첫째 증폭단의 Q_1의 베이스는 서로 결합
     되어 있지 않다.

   2. Q와 Q_2는 공통 에미터 저항 R_e로 이루어져 있다.

(3) **출력파형** : 정현파를 구형파로 바꾼다.

(4) **응용** : ① 전압 비교회로, ② 구형파 회로, ③ 쌍안정 회로

[문제 28] 다음은 슈미트 트리거의 특징에 대하여 설명한 것이다. 옳지 않은
        것은? [라]

    가. 쌍안정 멀티바이브레이터의 일종이다.

    나. 입력전압의 크기가 회로의 포화, 차단 상태를 결정해 준다.

    다. 구형파의 삼각파 발생에 사용한다.

    라. 한쪽 트랜지스터의 콜렉터에서 다른 쪽 트랜지스터의 베이스로
       만 결합용 캐패시터가 있다.

[문제 29] 그림의 A 파형인 정현파를 그림 B인 구형파로 바꾸고 싶다. 어느
회로를 사용하면 가능한가? [다]

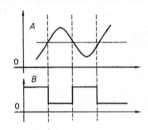

가. 부우드스트랩 회로   나. 블로킹 발진기

다. 슈미트 트리거   라. 다이오우드 pump 회로

[문제 30] Schmitt 트리거 회로의 출력파형으로 옳은 것은? [다]

가. 삼각파   나. 정현파

다. 구형파   라. 램프(ramp)파형

[문제 31] 다음 중 Schmitt 트리거 회로의 응용 예를 나타낸 것으로 옳지 않은
것은? [라]

가. 전압 비교회로   나. 구형파 회로

다. 쌍안정 회로   라. 무안정 회로

[문제 32] 슈미트 트리거회로의 용도중 틀린 것은? [라]

가. 구형파 펄스발생회로로 사용된다.

나. 임의의 파형에서 그 크기에 해당하는 펄스파의 구형파를 얻기 위
해서 사용된다.

다. A-D 변환회로로 사용된다.

라. D-A 변환회로로 사용된다.

7. 논리회로

semiconductor

semiconductor
semiconductor
semiconductor
semiconductor

7.1 정보의 부호화

가. 진법

[문제 1] 다음 16진수 (A2CF)₁₆을 2진수로 환산한 값은? [라]

    가. $(1011001011011111)_2$ 나. $(101100101011001)_2$

    다. $(101100101011001)_2$ 라. $(1010001011001111)_2$

    ▶해설◀ A   2   C F_{16}
             $A2CF_{16}$ → 1010 0010 1100 1111_2

[문제 2] 10진수 0.5625를 2진수로 변환한 것으로 옳은 것은? [가]

    가. 0.1001   나. 0.1101

    다. 0.1010   라. 0.1011

[문제 3] 16진수 1E는 10진수로는 얼마인가? [라]

    가. 24   나. 26

    다. 28   라. 30

[문제 4] 그레이 코드 1110을 2진수로 변환하면? [다]

    가. 1110   나. 1011

    다. 1010   라. 1111

    ▶해설◀ G → B
          1001

[문제 5] 16bit 컴퓨터에서 정보를 표현할 수 있는 최대수는 몇 개인가? [가]

<table>
<tr><td>가. 65536</td><td>나. 32762</td></tr>
<tr><td>다. 1024</td><td>라. 655</td></tr>
</table>

▶ **해설** ◀ BCD가산기(8421 가산기)의 기능

    (1) 4비트씩 나누어 2진 가산을 한다.

    (2) 이 4비트군의 합이 9보다 큰가를 검출한다.

    (3) 이 합이 9보다 크거나 자리올림이 발생하면 여기에 $(6)_{10} = (0110)_2$ 를 더한다.

    〈예〉 BCD가산으로 1010+0100을 구하라.

```
  10          1010
 + 4        + 0100    2진수의 덧셈을 행한다.
 ────        ──────
  14          1110    결과가 9보다 큰 값이므로 결과에
            + 0110    +6을 더한다
            ──────
           10100      BCD 가산의 결과를 나타낸다.
```

7.2 논리 게이트 및 부울대수

가. AND 게이트

[문제 6] 그림의 회로는 어떤 논리기능을 수행하는가? (단, 정논리이다) [가]

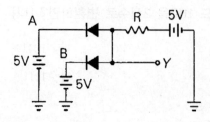

<table>
<tr><td>가. AND 게이트</td><td>나. NOT 게이트</td></tr>
<tr><td>다. OR 게이트</td><td>라. NOR 게이트</td></tr>
</table>

【문제 7】 그림과 같은 다이오드회로와 등가인 논리도를 그리면? [다]

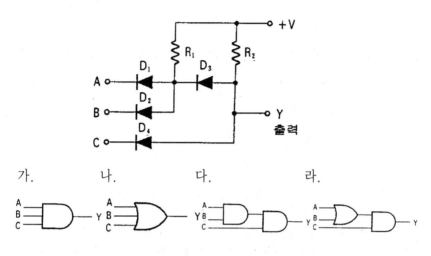

► 해설 ◄ 정논리 AND 게이트이다.

나. OR 게이트

【문제 8】 다음 그림과 같이 NAND 게이트가 연결되어 있다. 이 회로와 같은
게이트는? [가]

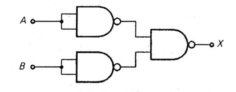

가. OR 게이트　　　　　나. AND 게이트

다. NOR 게이트　　　　　라. NAND 게이트

► 해설 ◄

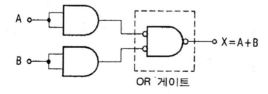

다. NAND 게이트

[문제 9] TTL NAND gate에서 totem-pole형 출력 TR이 사용되는 이유는 어느 것인가? [라]

가. 팬 아웃(Fan-out)수를 늘리기 위해서이다.

나. 잡음여유를 크게 하기 위함이다.

다. 오동작을 방지하기 위함이다.

라. 고속 스위칭 동작을 시키기 위해서이다.

▶ 해설 ◀ Totem-pole형 출력 TR을 사용하는 이유
트랜지스터를 totem-pole로 하여 출력단에 쓰면 출력 임피던스가 낮아진다. 또 출력 임피던스가 낮으면 RC 시정수가 작아 스위칭 속도를 높일 수 있는 효과가 있다.

[문제 10] 다음 회로에서 트랜지스터의 콜렉터-에미터 간의 포화전압을 0[V]라 할 때 ① A=B=C =0인 때와 ②A=B=C=5[V]일 때의 출력은?
[다]

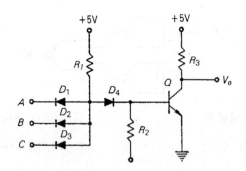

가.① 0[V]　② 0[V]　　　　나.① 0[V]　② 5[V]

다.① 5[V]　② 0[V]　　　　라.① 5[V]　② 5[V]

▶ 해설 ◀ NAND 게이트이다.

【문제 11】 다음과 같은 TTL gate가 수행할 수 있는 논리기능은?   [라]

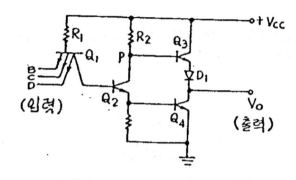

가. NOT   나. NOR

다. AND   라. NAND

【문제 12】 정논리의 경우 그림과 같은 회로는 어떤 게이트 회로인가?   [다]

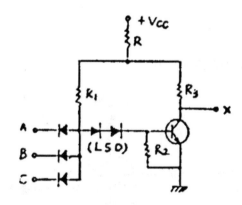

가. AND   나. OR

다. NAND   라. NOR

라. NOR 게이트

[문제 13] 다음은 정논리 CMOS 2입력 게이트이다. 이 회로는 무슨 게이트로 작용하는가? [라]

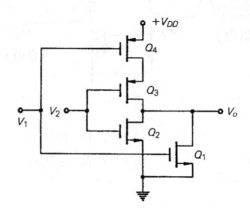

가. AND

나. NAND

다. OR

라. NOR

[문제 14] 그림의 게이트는? [라]

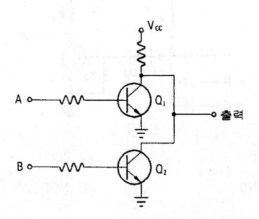

가. AND 게이트

나. OR 게이트

다. NAND 게이트

라. NOR 게이트

마. XOR 게이트

[문제 15] 다음과 같은 논리 게이트 회로의 출력 Y는? [나]

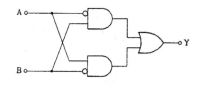

가. $(A+B)\overline{A+B}$ 　　　　나. $A\overline{B}+\overline{A}B$

다. $\overline{AB}+AB$ 　　　　　　라. $(A+B)\overline{AB}$

[문제 16] 다음 논리 회로와 같은 게이트 회로는 어느 것인가? [라]

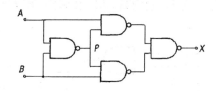

가. AND 　　　　　　　나. NOR

다. NAND 　　　　　　라. XOR

바. 논리식

[문제 17] 다음 논리회로의 논리식은? (단, 정논리이다.) [나]

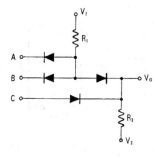

가. $V_0=(A+B)C$ 　　　　나. $V_0=AB+C$

다. $V_0=A+B+C$ 　　　　라. $V_0=A+BC$

[문제 18] 그림과 같은 논리회로를 옳게 표시한 것은? [나]

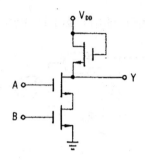

가. $Y = AB$ 나. $Y = \overline{AB}$

다. $Y = A + B$ 라. $Y = \overline{A + B}$

[문제 19] 다음 그림은 논리 간략화이다. 출력은 어떻게 나타나는가? [나]

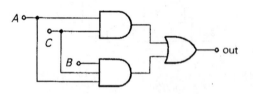

가. $AB(1 + C)$ 나. AC

다. $AB + A\overline{C}$ 라. ABC

[문제 20] 다음 회로의 출력은? [라]

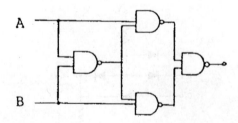

가. $(A + B)(\overline{A} + \overline{B})$ 나. $AB(\overline{A + B})$

다. $\overline{AB}(A + B)$ 라. $\overline{AB} + AB$

[문제 21] 다음 MOS 회로를 나타내는 논리식 중 맞는 것은? [나]

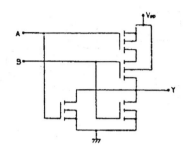

가. $Y = A + B$

나. $Y = \overline{A + B}$

다. $Y = A \cdot B$

라. $Y = \overline{A \cdot B}$

[문제 22] 그림에서 A의 값을 1100, B의 값을 0011 입력이라고 하면 출력은?
[라]

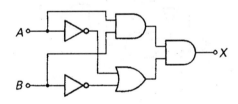

가. 1111

나. 1100

다. 0011

라. 0000

▶ **해설** ◀ $X = AB(\overline{A} + \overline{B}) = 0$

[문제 23] 다음 수식을 만족시키는 회로는 어느 것인가? [다]

$F(X,Y,Z) = (X+Y+XY)(X+Z)$

가.

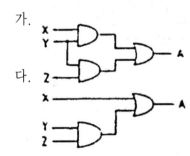

나.

다.

라.

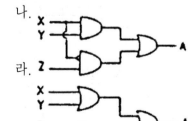

[문제 24] 그림과 같은 논리 회로도에서 얻어지는 출력을 간략화하면? [다]

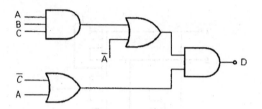

가. $\overline{A}\,\overline{C}+\overline{A}$ 나. $\overline{ABC}+A\overline{C}$

다. $ABC+A\overline{C}$ 라. $A\overline{B}\,\overline{C}+A\overline{C}$

▶ 해설 ◀ $(ABC+\overline{A})(A+\overline{C})=ABC+ABC\overline{C}+A\overline{A}+\overline{A}\,\overline{C}=ABC+\overline{A}\,\overline{C}$

[문제 25] 다음 그림과 같은 논리회로의 출력은 어떻게 되는가? [라]

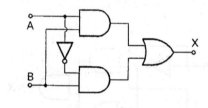

가. AB   나. $\overline{A}B$

다. A   라. B

▶ 해설 ◀ X $= AB+\overline{A}B=B(A+\overline{A})=B$

[문제 26] 그림의 논리회로에서 출력 X의 논리식을 간략화하면? [가]

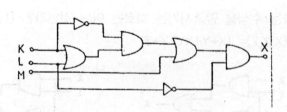

가. $X=\overline{L}M$ 나. $X=LK+\overline{K}M$

다. $X=M+\overline{L}+K$ 라. $X=\overline{K}(K+L)+\overline{L}$

사. 논리회로의 간략화

[문제 27] 다음 논리 중 맞지 않는 것은? [라]

가. $A + A = A$　　　　　　　나. $A \cdot A = A$

다. $A + \overline{A} = 1$　　　　　　라. $\overline{A} + \overline{A} = 1$

[문제 28] 다음 논리식을 간단히 하면? [다]

$$(A + B) \cdot (C + A) + A \cdot B \cdot C$$

가. $B \cdot C$　　　　　　　나. 1

다. $A + B \cdot C$　　　　　　라. $A + B + C$

[문제 29] 논리식 $Y = \overline{A}BC + A\overline{B}C + ABC + B\overline{C}$를 간단히 하면 어떻게 되는가?
　　　　[나]

가. $AB + C$　　　　　　　나. $AC + B$

다. ABC　　　　　　　　라. $\overline{ABC}$

[문제 30] 다음 부울대수의 정리 중 옳지 않은 것은? [라]

가. $A + B = B + A$　　　　　나. $A + B \cdot C = (A + B)(A + C)$

다. $A + \overline{A} = 1$　　　　　　라. $A \cdot B = \overline{\overline{A} + \overline{B}}$

[문제 31] 다음 논리식의 변형 중 틀린 것은? [라]

$$F = \overline{C}(\overline{A} + \overline{B})$$

가. $\overline{C} \cdot \overline{A}\,\overline{B}$　　　　　　나. $\overline{C} + \overline{AB}$

다. $\overline{(A + C)(C + B)}$　　　　라. $\overline{ABC}$

　　▶ 해설 ◂ $F = \overline{C}(\overline{A} + \overline{B}) = \overline{C} \cdot \overline{AB} = \overline{C + AB} = \overline{(C + A)(C + B)}$

[문제 32] 다음 논리식 $AB + \overline{B}C + A\overline{C}$을 간단히 하면? [라]

가. 1
나. 0
다. AB
라. $AB + \overline{B}C$

[문제 33] Boole 식 $\overline{\overline{A+B}} + \overline{\overline{a+b}}$ 를 간단히 하면? [나]

가. A
나. B
다. A·B
라. A+B

아. 카르노 맵

[문제 34] 다음 진리표를 카르노맵으로 표시할 때 옳은 것은? [다]

A	B	Y
0	0	1
0	1	0
1	0	1
1	1	0

가.

	$\overline{B}$	B
$\overline{A}$	1	0
A	0	1

나.

	$\overline{B}$	B
$\overline{A}$	0	1
A	1	0

다.

	$\overline{B}$	B
$\overline{A}$	1	1
A	0	0

라.

	$\overline{B}$	B
$\overline{A}$	0	0
A	1	1

[문제 35] 다음 3변수 카르노도가 나타내는 함수는? [나]

AB \ C	0	1
00	0	0
01	0	0
11	1	1
10	1	0

가. $\overline{A}\,\overline{B}\,\overline{C}$
나. $AB + A\overline{C}$
다. $AB + A\overline{C} + C$
라. $\overline{A} + A\overline{B}C$

【문제 36】 다음 진리표를 도시법으로 표시할 때 옳은 것은? [다]

A	B	Y
0	0	0
0	1	1
1	0	1
1	1	0

가.

	$\bar{B}$	B
$\bar{A}$	0	0
A	1	1

나.

	$\bar{B}$	B
$\bar{A}$	1	1
A	0	0

다.

	$\bar{B}$	B
$\bar{A}$	0	1
A	1	0

라.

	$\bar{B}$	B
$\bar{A}$	1	0
A	0	1

【문제 37】 다음 카르노 도로 된 함수를 최소화 하면? [나]

	$\overline{CD}$	$\overline{C}D$	CD	$C\overline{D}$
$\overline{AB}$	0	0	0	0
$\overline{A}B$	0	0	0	0
AB	0	0	1	1
$A\overline{B}$	0	0	1	1

가. AB
나. AC
다. AD
라. $\overline{AB}$

【문제 38】 다음 카르노 도의 간략식은? [가]

AB \ CD	$\overline{CD}$	$\overline{C}D$	CD	$C\overline{D}$
$\overline{AB}$	0	0	0	0
$\overline{A}B$	0	0	0	0
AB	1	1	1	1
$A\overline{B}$	1	1	1	1

가. $Y = A$
나. $Y = B$
다. $Y = AB + \overline{C}\,\overline{D}$
라. $Y = A\overline{B} + \overline{C}D$

[문제 39] 그림과 같은 Karnaugh Map에서 얻어지는 부울대수식은 어느 것
인가? [가]

AB\CD	$\overline{C}\overline{D}$	$\overline{C}D$	CD	$C\overline{D}$
$\overline{A}\overline{B}$	0	0	0	0
$\overline{A}B$	1	0	0	1
AB	1	0	0	1
$A\overline{B}$	0	0	0	0

가. $Y = B\overline{D}$

나. $Y = \overline{B}D$

다. $Y = AB$

라. $Y = \overline{AB}$

[문제 40] 다음 카르노 도로부터 논리식을 간단히 하시오. [나]

AB\CD	00	01	11	10
00	0	1	1	1
01	0	0	0	1
11	1	1	0	1
10	1	1	0	1

가. $\overline{A}\,\overline{B}\,\overline{D} + A\overline{B} + C\overline{D}$

나. $\overline{A}\,\overline{B}D + A\overline{C} + C\overline{D}$

다. $\overline{A}\,\overline{B}D + \overline{A}C + CD$

라. $A\,\overline{B}D + \overline{A}C + CD$

[문제 41] 다음 카르노 도를 간략화한 논리식은? [라]

AB\CD	00	01	11	10
00	0	1	1	1
01	0	0	0	1
11	1	1	0	1
10	1	1	0	1

가. $\overline{A}\,\overline{B}\,\overline{D} + A\overline{B} + C\overline{D}$

나. $\overline{A}\,\overline{B}D + A\overline{C} + C\overline{D}$

다. $\overline{A}\,\overline{B}D + \overline{A}C + CD$

라. $A\,\overline{B}D + \overline{A}C + CD$

[문제 42] 다음 표로 나타낸 카르노 맵에 대한 간략화된 논리식은? [가]

AB＼CD	00	01	11	10
00	0	0	1	0
01	1	1	1	0
11	0	1	1	1
10	0	1	0	0

가. $\overline{A}B\overline{C} + A\overline{C}D + ABC + \overline{A}CD$ 나. $BD + \overline{C}\,\overline{D} + C\overline{D} + A\overline{B}$

다. $BD + \overline{A}B + \overline{C}D + C\overline{D}$ 라. $\overline{A}B\overline{C} + ACD + AB\overline{C} + A\overline{C}D$

[문제 43] 다음 카르노 도를 간략화한 결과는? [다]

AB＼CD	00	01	11	10
00	0	1	1	1
01	0	0	0	1
11	1	1	0	1
10	1	1	0	1

가. $\overline{A}\,\overline{B}D + AC + C\overline{D}$ 나. $\overline{A}\,\overline{B}D + A\overline{C} + CD$

다. $\overline{A}\,\overline{B}D + A\overline{C} + C\overline{D}$ 라. $\overline{A}\,\overline{B}D + AC + CD$

[문제 44] 그림의 카르노 맵을 간략화한 결과를 논리식으로 바르게 표현한 것은? [나]

CD＼AB	00	01	11	10
00	1	1	1	1
01	0	1	1	0
11	0	1	1	0
10	1	1	0	1

가. $\overline{A}B + BC + \overline{B}D$ 나. $\overline{A}B + BD + \overline{B}D$

다. $\overline{A}B + AC + \overline{B}D$ 라. $A\overline{B} + BD + \overline{A}C$

7.3 플립플롭 회로

【문제 45】 다음 중 flip-flop과 관계가 없는 것은? [나]

　　가. RAM　　　　　　　　　　나. Decoder

　　다. Register　　　　　　　　라. Counter

【문제 46】 다음 중 flip-flop에 해당하는 회로는? [가]

　　가. 쌍안정 멀티바이브레터　　나. 단안정 멀티바이브레이터

　　다. 비안정 멀티바이브레이터　　라. 슈미트 트리거

　▶ **해설** ◀ 쌍안정 멀티바이브레이터는 플립-플롭이라고 하며 2개의 안정상태를 갖는다.

【문제 47】 전자계산기의 기억소자로 사용하는 장치가 아닌 것은? [라]

　　가. Disk　　　　　　　　　　나. Register

　　다. Flip-Flop　　　　　　　　라. Inverter

가. RS-플립플롭

【문제 48】 그림의 SR 플립플롭에서 S와 R의 입력이 모두 0 상태로 되었고 이
　　　　　　때 클럭펄스가 도래했다면 출력은? [라]

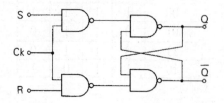

　　가. 정하여지지 않는다.　　　　나. 1이 된다.

　　다. 0이 된다.　　　　　　　　라. 바로 이전 출력이 유지된다.

[문제 49] RS-Flip Flop 회로의 진리표의 출력 Q_{n+1} 상태 중 틀린 것은? [다]

S_n	R_n	Q_{n+1}
0	0	(가)
1	0	(나)
0	1	(다)
1	1	(라)

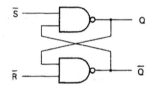

가. Q_n(불변)　　　　　　　　나. 1

다. 1　　　　　　　　　　　　라. 부정

[문제 50] 다음 그림은 RS 플립플롭 회로인데 이의 설명 중 틀린 것은? [가]

가. 입력 S가 1일 때 Q는 1이 되고 입력 R일 때 출력 Q는 0이 된다.

나. S,R 모두 0일 때 출력의 상태는 달라지지 않는다.

다. S,R 모두 1일 때 출력의 상태는 어떻게 되는지 정해지지 않는다.

라. 입력 S가 1일 때 출력 Q는 0이 되고, 입력 R이 0일 때 출력 Q는 1이 된다.

[문제 51] 그림 (a)와 같은 로직 심볼의 A 입력에 그림 (b)와 같은 전압파형을 인가하여 주었을 때 Q의 파형은? [나]

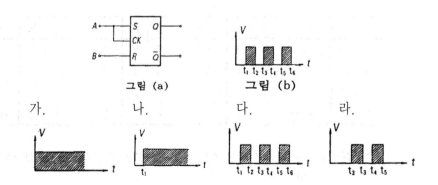

그림 (a)　　　　　그림 (b)

가.　　　　나.　　　　다.　　　　라.

나. J-K 플립플롭

[문제 52] JK 플립플롭을 사용하여 D형 플립플롭을 만들려면 외부 결선은 어떻게 하는 것이 옳은가? [가]

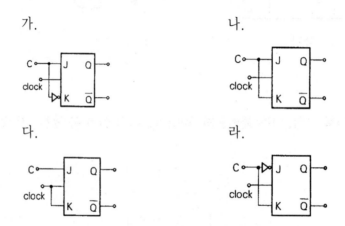

가. 나.

다. 라.

[문제 53] 출력 Y인 JK 플립플롭의 동작원리를 나타낸 진리표는? [가]

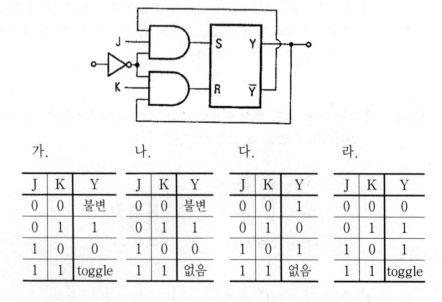

가.

J	K	Y
0	0	불변
0	1	1
1	0	0
1	1	toggle

나.

J	K	Y
0	0	불변
0	1	1
1	0	0
1	1	없음

다.

J	K	Y
0	0	1
0	1	0
1	0	1
1	1	없음

라.

J	K	Y
0	0	0
0	1	1
1	0	1
1	1	toggle

▶ **해설** ◀ JK 플립플롭은 J=K=1이고, CP의 부트리거 펄스에서 이전상태를 반전(toggle)시킨다.

[문제 54] 그림은 JK Flip-Flop의 회로 및 진리표이다. 진리표에서 출력이 옳지 않은 것은? [다]

J_N	K_N	Q_{N+1}
0	0	부정
1	0	1
0	1	0
1	1	toggling

가. 0

나. 1

다. 부정

라. toggling

[문제 55] JK Flip-Flop의 2개의 입력이 똑같이 1이고 클럭 펄스가 계속오면 출력은 어떤 상태가 되는가? [다]

가. Set

나. Reset

다. Toggling

라. 동작불능

[문제 56] JK 플립플롭을 그림과 같이 결선하고 클럭 펄스가 인가될 때마다 출력 Q의 동작상태는? [가]

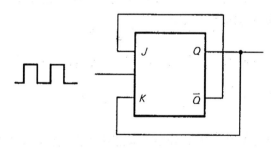

가. Toggle

나. Reset

다. Set

라. Race 현상

【문제 57】JK 플립플롭을 이용한 회로가 다음과 같다. 현재 Q상태는 "1"이며 xy 입력이 11, 10으로 차례로 입력될 경우 Q는 어떻게 변할 것인가? [가]

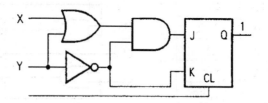

가. "1" →1→0

나. "1" →0→1

다. "1" →1→1

라. "1" →0→0

【문제 58】JK 플립플롭의 트리거 입력과 상태 전환조건을 설명한 것 중 옳지 않은 것은? [라]

가. J=0, K=0 일 때는 반전(反轉)치 않는다.

나. J=0, K=1 일 때는 0으로 되돌아간다.

다. J=1, K=0 일 때는 1로 된다.

라. J=1, K=0 일 때는 반전(反轉) 된다.

【문제 59】J-K 플립플롭에서 Jn=0, Kn=1일 때 클럭 펄스가 1 상태라면 Qn+1의 출력 상태는? [나]

가. 부정

나. 0

다. 1

라. 반전

【문제 60】JK 플립플롭의 2개 입력이 똑같이 1이고 클럭 펄스가 계속 오면 출력은 어떤 상태가 되는가? [다]

가. Set

나. Reset

다. Toggling

라. 동작 불능

다. D-플립플롭

[문제 61] 다음은 D F-F 회로이다. 입력과 출력이 옳게 표현된 파형은 어느
것인가? [다]

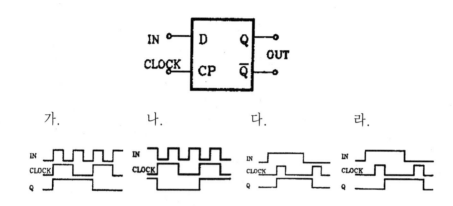

라. Master-Slave 플립플롭

[문제 62] 레이스 현상을 방지하기 위하여 사용되는 플립플롭은? [라]

　　가. 단안정 멀티바이브레터　　　　나. 쌍안정 멀티바이브레터

　　다. JK 플립플롭　　　　　　　　　라. M/S 플립플롭

[문제 63] 2개의 입력이 동시에 1이 되었을 때에도 불확실한 출력상태가 되지
않도록 2개의 filp-flop을 사용한 회로는? [다]

　　가. RS F-F　　　　　　　　　나. D F-F

　　다. Master-slave F-F　　　　라. T F-F

　▶ **해설** ◀ Race 현상을 제거하기 위해 M/S 플립플롭을 사용한다.

8. 응용 논리회로

semiconductor

semiconductor
semiconductor
semiconductor
semiconductor

【문제 1】 0과 1의 조합에 의하여 어떠한 기호라도 표현하도록 부호화하는 회로는? [가]

　　가. Encoder　　　　　　　나. Decoder

　　다. Comparator　　　　　라. Detector

【문제 2】 순차논리회로의 구성에 관한 설명 중에서 틀리는 것은? [라]

　　가. 조합논리회로를 포함한다.

　　나. 입력신호와 레지스터의 상태에 따라서 출력이 결정된다.

　　다. 이 회로의 한 예로 카운터를 들 수 있다.

　　라. 기억소자가 필요하다.

8.1 연산회로

가. BCD 가산기

【문제 3】 다음 그림은 BCD 가산기의 논리도이다. X_1, X_2, X_3, X_4에 1001이 들어가고　Y_1, Y_2, Y_3, Y_4에 0101이 들어왔다면 C_0와 Z_1, Z_2, Z_3, Z_4의 출력은? [라]

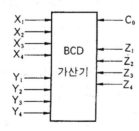

　　가. 0, 1010　　　　　　　나. 0, 0101

　　다. 1, 0101　　　　　　　라. 1, 0100

[문제 4] 그림과 같이 해독기에 BCD 입력이 가해지고 있다. 해독기는 BCD입력이 1001인 때만 출력이 1을 나타낸다고 할 경우 출력 Y를 부울대수식으로 표현하면? [가]

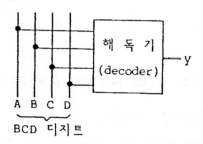

가. $A\overline{D}$ 나. AB

다. $A\overline{C}$ 라. BCD

나. 반 가산기

[문제 5] 반 가산회로를 구성하고 있는 게이트는 어느 것인가? [나]

     가. AND 게이트와 OR 게이트

     나. AND 게이트와 ExOR 게이트

     다. OR 게이트와 ExOR 게이트

     라. OR 게이트와 NOR 게이트

[문제 6] 반 가산기에서 입력 A=0, B=1일 때 출력 S, C는 얼마인가? [나]

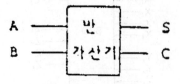

     가. S= 1, C=1   나. S= 1, C=0

     다. S= 0, C=1   라. S= 0, C=0

다. 전 가산기

[문제 7] 전 가산기(full adder)의 구조는? [다]

    가. 입력 2개, 출력 4개로 구성된다.
    나. 입력 2개, 출력 3개로 구성된다.
    다. 입력 3개, 출력 2개롤 구성된다.
    라. 입력 3개, 출력 3개로 구성된다.

[문제 8] 2진수 A, B를 전가산기에 적용할 경우 합계 S는 어떠한 식으로 표시
    되는가? [가]

    가. $S = A \oplus B \oplus C$ 나. $S = A + B + C$
    다. $S = A \cdot B \cdot C$ 라. $S = A \cdot B \oplus C$

[문제 9] 병렬 2진 감산기를 가산기와 같은 회로로 쓸 때 필요한 회로는? [라]

    가. 지연회로   나. 펄스회로
    다. 제어회로   라. 보수회로

라. 반 가산기

[문제 10] 그림의 회로 명칭은? [라]

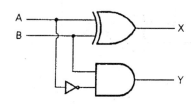

    가. 가산기   나. RS 플립 플롭
    다. 감산기   라. 반 감산기

    ▶ **해설** ◀ 반 감산기이다. A가 피감수이고 B가 감수이다.
        $X = d(차) = A \oplus B$
        $Y = b(빌림수) = \overline{A}B$

[문제 11] 반 가산기의 기능 표시는? [나]

가. $AB + \overline{A}\,\overline{B}$ 와 $A \cdot B$ 나. $\overline{A}B + A\overline{B}$ 와 $A \cdot B$

다. $AB + A\overline{B}$ 와 $A + B$ 라. $AB + \overline{A}\,\overline{B}$ 와 $A + B$

[문제 12] 다음과 같은 회로의 명칭을 무엇이라 하는가? [라]

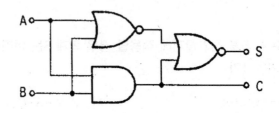

가. 동시회로   나. 반 동시회로

다. 배타 OR회로   라. 반 가산기

[문제 13] 그림과 같은 논리회로의 출력 Y로 알맞은 것은? [라]

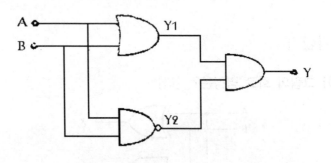

가. 1   나. AB

다. $\overline{A}\,\overline{B}$ 라. $\overline{A}B + A\overline{B}$

마. A/D, D/A 변환기

[문제 14] 그림의 회로에서 출력전압 V_0를 구하면?

(단, $V_R/2 \times (1+R_2/R_1) = V$ 이다.) [라]

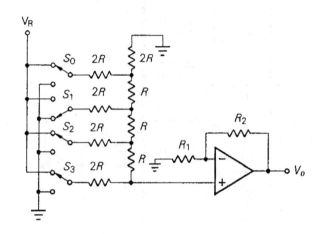

가. 11/15[V]   나. 13/15[V]

다. 11/8[V]   라. 13/8[V]

[문제 15] 다음 회로에서 A=C=4[V], B=0[V]일 때 출력 전압 Va는? [라]

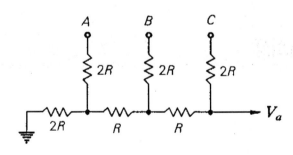

가. 20[V]   나. 4[V]

다. 8[V]   라. 2.5[V]

▶ **해설** ◀ 래더 저항망 D/A 변환기

[문제 16] 그림의 회로에서 출력전압 V_o를 구하면? (단, $\dfrac{V_R}{3}(1+\dfrac{R_2}{R_1})=V$ 이다) [나]

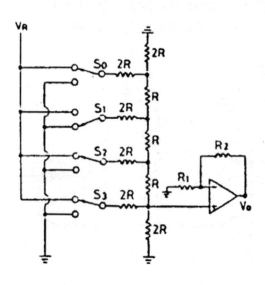

가. 11/15 V

나. 13/15 V

다. 11/8 V

라. 13/8 V

8.2 기억회로

가. RAM

[문제 17] 전자계산기 주기억장치에서 판독기록을 자유로이 행할 수 있는 기억소자는? [가]

가. RAM

나. ROM

다. PROM

라. mask ROM

[문제 18] 메모리 내용을 보존하기 위하여 주기적으로 리프레쉬(refresh)를
해야 하는 메모리는 어느 것인가? [라]

　　가. PROM　　　　　　　나. 마스크 ROM

　　다. SRAM　　　　　　　라. DRAM

나. ROM

[문제 19] 다음 중 기억상태를 읽는 동작만 할 수 있는 메모리는? [나]

　　가. RAM　　　　　　　　나. ROM

　　다. Register　　　　　　라. address

[문제 20] 다음 ROM의 Address Decoder에서 $A_2A_1A_0$가 101일 때 데이터
$D_3D_2D_1D_0$는? [가]

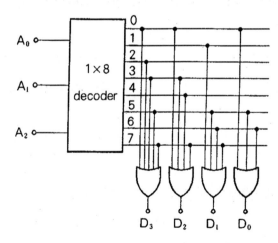

　　가. 1011　　　　　　　　나. 1101

　　다. 1100　　　　　　　　라. 1111

[문제 21] 다음 마이크로 컴퓨터 시스템의 블록도 중 A, B, C, D가 옳은 것은? [가]

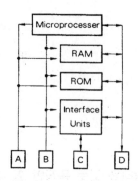

가. ⓐ Address bus ⓑ Control lines ⓒ I/O bus ⓓ Data bus

나. ⓐ Address bus ⓑ I/O bus ⓒ Control lines ⓓ Data bus

다. ⓐ I/O bus ⓑ Control lines ⓒ Address bus ⓓ Data bus

라. ⓐ Address bus ⓑ Data bus ⓒ I/O bus ⓓ Control lines

[문제 22] 다음중 마이크로 컴퓨터 시스템의 3대요소에 속하지 않는 것은? [라]

가. MPU　　　　　　　　　나. RAM

다. ROM　　　　　　　　　라. Address bus

[기타]

[문제 1] 트랜지스터에서 베이스 폭 변조란? [다]

가. 트랜지스터를 제조할 때 베이스 두께를 조정해 주는 것을 말한다.

나. 트랜지스터의 베이스에 변조 전압을 걸어서 동작시키는 것을 말한다.

다. 트랜지스터의 접합에 가해지는 바이어스에 의해 베이스 두께가 변하는 것을 말한다.

라. 트랜지스터의 포상에 의해 베이스가 영향을 받는 것을 말한다.

[문제 2] 그림과 같은 회로에서 스위치가 2의 위치에서 t=0일때 1의 위치로 옮겨지는 경우에 회로에 흐르는 전류 i를 나타낸 것은? [다]

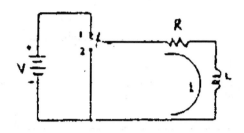

가. $i = \dfrac{V}{R}(1 + c^{\frac{R}{L}t})$ 나. $i = \dfrac{V}{R}(1 + c^{-\frac{t}{RL}})$

다. $i = \dfrac{V}{R}(1 + e^{\frac{R}{L}t})$ 라. $i = \dfrac{V}{R}(1 - e^{\frac{R}{L}t})$

[문제 3] 다음 단일 구형파를 미분회로에 통과시키면 출력파형은? [다]

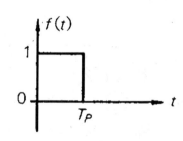

가.

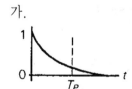

나.

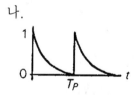

다.

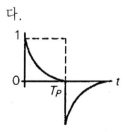

라.

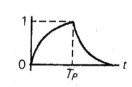

[문제 4] 그림의 회로에서 Vs = 100 $\sqrt{2}$ sin wt 일 때 정상 상태에서 C_2 양단
의 전압은 몇 [V] 인가? (단, D_1, D_2는 이상 다이오드이다.) [다]

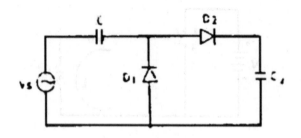

가. 100

나. 100 $\sqrt{2}$

다. 200 $\sqrt{2}$

라. 200

[문제 5] 다음의 회로에서 입력전압 $v_i = 100 \sin wt$ [V]일 때 출력전압 v_o는?
[다]

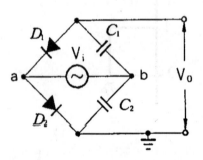

가. 100[V]

나. 141[V]

다. 200[V]

라. 282[V]

【문제 6】 접합 트랜지스터의 스위칭 속도를 빠르게 하기 위한 방법으로 적당한
것은? [다]

　　가.　베이스회로에 직렬로 저항을 접속한다.

　　나.　베이스회로에 인덕턴스를 접속한다.

　　다.　베이스회로에 저항과 콘덴서를 병렬 접속하여 연결한다.

　　라.　베이스회로에 제너 다이오드를 접속한다.

　　▶ **해설** ◀ 축적지연시간을 짧게 하려면 베이스 영역에서 과잉캐리어를 빼낼 수 있는 역
　　　　　방향 베이스 전류를 가해야 한다. 더욱 좋은 방법으로는 베이스 저항 R에 병
　　　　　렬로 콘덴서 C를 접속하는 방법이다. 이를 가속콘덴서(speed-up
　　　　　condenser)라 한다.

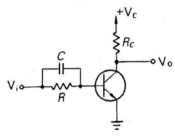

【문제 7】 트랜지스터 증폭회로에서 신호원의 내부저항의 영향을 가장 적게 받
는 것은? [라]

　　가.　A　　　　　　　　　나.　AV

　　다.　Z_i　　　　　　　　　라.　Z_o

▌
INDEX

반도체설계 산업기사 필기대비 이론 및 문제

발행일 | 2006년 9월 1일

저 자 | 이행우
발행인 | 모흥숙
편 집 | 박윤희 · 이경혜

발행처 | 내하출판사
등 록 | 제6-330호
주 소 | 서울 용산구 후암동 123-1
　　　　　TEL : (02)775-3241~5
　　　　　FAX : (02)775-3246

ISBN | 89-5717-136-3
정 가 | 12,000원

E-mail　　| naeha@naeha.co.kr
Homepage | www.naeha.co.kr